蔬食眞味

李韜

走過流年，體悟蔬食的本眞之色
探尋食材的源頭，品嘗人生的況味
與茶坦誠相見，感受愈久彌香的禪意慰藉

目錄

參　素味江湖

肆　禪心與茶

序

第一次見李韜，是和朋友在「Dee蔬食・茶空間」吃飯的時候。他一個人靜靜地坐在門口的茶席後面泡茶，動作不疾不徐，彷彿和吃飯的我們是兩個時空的人。

臨走時，外面正好下起了雨，等車的間隙，有機會和他聊起來。得知他也是一名素食者，還是素食星球的粉絲，瞬間拉近了我們之間的距離。他的口音還帶著一絲鄉音，言談中既有北方漢子的爽快，又有茶人的謙和細膩。

後來，因為合作，我們有了更多的接觸，才逐漸知道他不僅愛茶，懂吃，還寫得一手好文章。

作為一個在新疆出生長大的湖北人，我向來搞不清自己到底算作新疆人還是湖北人。在外生活多年，口味也越來越融合。所以，讀到李韜看見糜子的憂傷，收到炒琪的親切，吃蕎麵灌腸的淚奔，我有些莫名的感動。

食物，是記憶，是文化，是故鄉，也是生活。不妨跟著李韜的文字，去看看飲食人情，窺見美食背後的文化。看得流口水了，就洗洗手，去廚房燒個番茄口蘑湯飯，在騰騰的熱氣中，就著鄉愁下肚。

素食星球創始人Hazel（張思）

素食星球：一種潮流美食生活方式、一個全球素食愛好者的社區

壹 時年至味

糜子

悠悠迷思

糜子，也就是黍，俗稱「黃米」，在山西讀作「迷子」，我在電腦裡打不出來，才發現原來正確的發音是「梅子」。糜子在山西，常見的是做炸糕；在北京，做成的食物也並不算冷僻，麵茶是也。

我父母從山西遷居大理，一切皆合心意，唯獨思念兩種東西——太原的豆腐乾和炸糕。太原的炸糕黃澄澄的，表面還炸出一層小泡泡，餡心一般都是豆沙大棗，吃起來先是黏黏的糜子麵的香氣，然後是大棗的濃香和甜美細膩的豆沙，確實讓人難忘。

小時候，偶爾家裡做糜子米飯。黃澄澄的一碗，比較黏，吃起來很頂餓，但是又不像糯米那麼難消化，身體感覺比較舒服。餐廳裡愛做的是黃米涼糕。就是糜子直接蒸熟了，放涼切成塊，澆上豬油化開的糖汁。後來演變的形式比較多，比如糜子八寶飯，上面擺放很多蜜棗果脯；也有和糯米混蒸的，下面糯米、上面糜子，黃白相間再墊綠葉為底，色彩更加漂亮。

糜子做成的食物在北京也有，而且並不算冷僻，即是「麵茶」。麵茶是用糜子麵熬成的，上面再加上芝麻醬。講究「呲溜」著轉圈喝，也不用勺。我愛吃麵茶，開始以為是炒麵做的，想嘗個新鮮，喝了一口，立刻明白這熟悉的味道，是白麵怎麼也表現不出來的。這幾年《舌尖上的中國》人氣高漲，也捧紅了陝西的黃饃饃，北京有一家連鎖餐廳專門賣這個，我嘗了嘗，方知也是糜子麵做的。

〖傳統黃米麵捲〗

竹筍

邂逅一場美好的緣分

我讀書的時候，課業比較緊張，所在的學院雖然不大，然而有個藏書很多的圖書館，那是我最愛去的地方。課餘時間認識了幾個要好的外系同學，其中一位是浙江慈溪人，暑假時我便從太原到杭州再去慈溪找他玩。

同學這種關係與踏入社會後的人情世故相比，彼此間的感情更為真摯，我這位同學對人尤其熱情。時隔多年，我還記得他帶我去看戚繼光抗倭的炮臺，也記得

筍乾

筍乾的主料是雪裡蕻（又稱雪裡紅、雪菜）和筍。將雪裡蕻用鹽醃漬成鹹菜，再把毛竹筍除去筍殼及根鬚後切成片，放入沸水鍋中焯一遍以除去澀味，撈出沖洗乾淨，將泡雪裡蕻的汁水與筍片同煮，燜乾收汁，再與雪裡蕻鹹菜同煮，二次收乾汁水時起鍋，攤晾四、五天直至完全曬乾後即成。

- 春筍：立春後破土而出的筍，筍體肥大，肉質鮮嫩，被譽為「菜王」「山八珍」之一，顏色越白品質越好。
- 冬筍：立秋後採收的筍。冬筍和春筍

他的母親是位梳著髮辮的樸實婦人，燒得一手好菜。記得餐桌上的黃泥螺和各種海鮮，也是在那裡，我第一次品嘗到南方的白年糕。

那天，我跟同學到街上去吃早飯，忘了那天主要點了什麼，倒是因為一碗湯驚詫了一下，至今難忘。山西人的湯，好像從沒有只用開水一沖就能喝的，凡食材都需要熬煮。那天我同學點了一碗湯，卻見他拿了一隻空碗，撒了點什麼東西進去，然後提個熱水瓶倒入開水，一會兒就可以喝了。我覺得這簡直是魔法般的奇事，便也要過來嘗了幾口，居然還十分好喝，問了我同學，才知道這個可以沖湯的食物叫

在外形上很好區分，冬筍短粗，春筍細長，這是最明顯的區別。

- **竹**：竹子匯聚天地間的靈氣，與竹為伴，人自然就清靜。
- **筍乾**：竹筍的季節性很強且不易儲存。在沒有鮮筍的時節，哪怕白開水沖一碗筍乾湯，對舌尖來說也是一種犒賞。

春筍

冬筍

竹

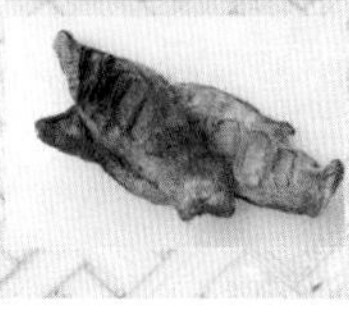
筍乾菜

作「筍乾」。

從那之後，我就愛上了吃筍。有鮮筍的時候，就吃鮮筍，沒有鮮筍，就吃天目山的筍乾。蘇東坡說過，「寧可食無肉，不可居無竹」，我覺得這不僅是種精神境界，而是他真的懂竹子——那是天地間的靈氣匯聚，人在竹子旁邊，自然就清了、靜了。而竹筍，更是包裹著這團天地靈氣，自然不凡。

我吃竹筍，尤其愛春筍，那種特有的麻和一點點的澀，在舌尖縈繞，很是受用。做法喜歡清淡的，比如把筍片和鮮甜的小蜜豆同炒，象牙微黃，點點碧珠，脆嫩喜人。我師父通賢法師喜歡濃郁的做法，他喜歡油燜的，就更入味一些。

竹筍其實可食用的時間並不多，因為它長得很快。只要水分足夠，有的竹筍一晚可以長一～兩尺，可能是因為幼嫩的竹筍很容易被吃掉、碰傷，它必須抓緊時間長大，直到成為堅硬的竹子，才會放慢速度，讓自己安心地成長。所以，能夠吃到竹筍是一種美好的緣分呢，就認認真真地享用吧。

油燜竹筍（全素）

主料：竹筍

調料：白糖、老抽醬油、花生油或茶油

做法：

1. 竹筍剝殼，切滾刀塊，洗淨。
2. 筍塊焯水撈出，以減少澀味，之後再煮三～四分鐘。
3. 鍋裡下花生油（若用茶油會更香）爆炒筍塊，使其表面略微失水，即下老抽，繼續翻炒，直至筍塊被老抽的顏色包裹均勻。
4. 鍋中倒入熱水，沒過筍塊，撒一點白糖燜煮，收乾汁水即可。

食客

每次去四川，都喜歡嘗一嘗用筍做的菜肴，這一次，品嘗到蔬食館裡的油燜竹筍，無比感恩。學竹學空心，尋味愛清歡，油燜竹筍裡可是滿滿的真意，於我，心和胃都是修行。

——孟獻威（弘艾書院創始人、「針灸泰斗」謝錫亮教授親傳弟子）

醬油炒飯

活在記憶裡的味道

我五、六歲的時候「被丟過」，之所以加引號，是因為導演這場丟孩子戲的人竟然是我自己。大多數人對年幼時闖的禍都記憶深刻，而父母「棒喝」之後的那頓飯，彷彿是這世上再也吃不到的美味。

我和哥哥跟著我媽去兒童公園玩，在公園裡我們哥倆要上廁所，讓我媽在外面等著。據說後來我媽看見個賣水果的，轉身去買水果，就這一會兒工夫，我們從廁所出來了，可是沒看見她，於是就在附近找。我媽買完水果還在廁所門口等了一小會兒，覺得不對，讓一位大哥幫忙進去看看，結果廁所裡沒人。她當時就急瘋了，先在附近叫我們的名字，然後又衝進公園廣播室廣播找人。我和哥哥沒找到媽媽，彷彿也沒有太著急，我跟我哥說，乾脆回家吧。我拉著我哥，跟著回家方向的電車走，後來沒電車了，就看著頭上的電線走，走到家附近，又抄了段小路。走了一個多小時到家了，我和我哥在屋裡的大床上玩，大床在窗戶邊，能看到屋外小院子的動靜。眼瞅著天快黑了，我媽還沒回家，而奶奶已經在做晚飯了。

我媽當年留著及腰的兩條大辮子，而且是個好脾氣的人，當了好多年老師都沒跟學生紅過臉。結果那天我媽回家，髮辮全散了，好像頭上還有草，我奶奶正從他們屋出來，我媽抱著奶奶嗚嗚直哭，說：「媽，我把孩子弄丟了，倆孩子都弄丟了！」我奶奶趕緊安慰她說：「沒有啊，孩子都在屋裡呢。」

我媽就像火箭一樣衝進屋，我和哥哥還沒叫出口，就被掃炕笤帚一人給了一下。接著，我媽抱著我倆哇哇哭，抱的勁特別大，我都快窒息了，只好小聲說：「媽，我餓。」當天沒顧上買菜，奶奶送過來幾碗菜，我媽炒了前一天剩下的米飯。那時候也沒有三文魚、基圍蝦什麼的，就算有也買不起，但是那天的炒飯真是特別好吃，食材很簡單，就是蔥花、醬油還有雞蛋。我媽吃一會兒，捧著碗哭一會兒，雖然那頓飯很好吃，但我和我哥都沒怎麼吃飽。

後來也在很多酒樓點過醬油炒飯，但總覺得味道不夠濃郁，這不僅關於記憶，也關乎味覺。尤其是醬油，後來又出現了生抽、老抽、草菇醬油等，雖說自己不喜歡的未必就不好，但我還是任性地覺得，老老實實的釀造醬油就很好。小時候的醬油才是真的香啊，濃郁的鮮味，在瓶子裡晃一晃，附著在瓶壁上是很厚的一層，流下去會很慢。不像現在的醬油，稀湯寡水的，聞著有股可疑的味道。而沒有好的醬油，醬油炒飯的味道也便很可疑了。

我們常說「治大國若烹小鮮」，而烹小鮮，最重要的是老實，該用什麼，該怎麼做，一點不能少，一步不能改，速成的、拍腦袋來的，不過是自己騙自己罷了。

釀造醬油

正規的醬油瓶上有兩個詞。第一個詞叫作氨基酸態氮，它是醬油主要的呈鮮物質，按照國家標準理化指標，應該是大於等於零點四克／一百毫升，如果是特級醬油的話大於等於零點八克／一百毫升；第二個詞是註明釀造醬油還是配製醬油的標籤。釀造醬油是遵循傳統方法釀造的，配製醬油會使用一些辦法來勾兑，但也需要有嚴格的勾兑工藝，而且也借鑑了一些工業化學的方法。最好使用釀造醬油，諸如海鮮醬油、草菇醬油等配製醬油，即使真的有海鮮、草菇的成分在裡面，那也是微乎其微的。

李翱版醬油炒飯（蛋、奶、蔥、蒜）

主料：剩飯（一定要冷，但是不要太乾）

輔料：雞蛋、小蔥

調料：植物油、陳釀醬油、白糖

做法：

1. 小蔥洗淨，蔥白、蔥綠分開切成蔥花。
2. 雞蛋略加一點涼開水，打散。
3. 熱鍋倒入冷油，油可稍多一些。油溫較高時，下入一大半切好的蔥白，微黃時，倒入蛋液，先不要動，等略微成型時，劃散，盛出。
4. 鍋內再加油，下其餘的蔥白，爆香、剩餘的米飯，小火勤炒，直到米飯完全散開。
5. 醬油事先倒入碗中，加一點白糖拌勻，再均勻倒在米飯上，快速翻炒，直到米飯上色均勻，接著倒入炒好的雞蛋，繼續翻炒，直到香氣濃郁。
6. 倒入切好的蔥綠，翻炒幾下，即可出鍋。

食客

炒飯，看似簡單，其實學問很大。蔬食也如此，唯一的秘訣是不摻假，用真心。

——梁棣（眉州東坡集團CEO）

臘八粥

飛入尋常百姓家的美味

臘八，實際上算不得是個節，不過歷來比較受重視。從先秦起，人們在臘八這天要祭祀祖先和神靈，祈求豐收和吉祥，除此以外，還要逐疫。而佛教進入中國以後，臘八迅速和佛陀產生了聯繫。

中國的春節氣氛一年弱於一年，總是一場無可奈何。有傳統文化傳承的問題，也有中國人樸素的傳統認知：幸福到了頂點，自然要走向衰落。大年初一雖然是歡愉的頂點，然而也意味著新的勞作即將開始，人們大抵潛意識裡是不喜歡的。所以，對於年前的幾個節日，人們反而更加在意。四川人比較在乎臘月二十三，北方人在這一天也要灑掃、理髮、修容，但與四川人相比，北方人似乎更在乎「臘八」。

在漢傳佛教中，為了紀念佛陀於臘月初八成道，接受四大天王供養的米粥，有些佛教寺院會在這天煮臘八粥供佛，並分送十方善信，因此臘八粥也稱「佛粥」。寓意是希望享用臘八粥的民眾都能同沾佛陀成道的法喜，蒙佛陀加持而福慧增長。

對於老百姓而言，雖然隨喜讚歎佛祖成道，然而畢竟要落到實處，就是這碗臘八粥了。以前特別喜歡看一本書，就是宋代孟元老寫的《東京夢華錄》。在華麗無匹、清麗絕倫的宋都被毀滅後，逃難到南方的孟元老，懷著對東京汴梁的無限眷念和對現實的無限傷感，寫下了這部充滿追思的深情之作，讓我得以在千年之後窺視先人的生活風貌。在《東京夢華錄》裡也能找到臘八粥的身影：「初八日……諸大寺作浴佛會，並送七寶五味粥與門徒，謂之『臘八粥』。都（汴京）人是日，各家亦以果子雜料煮粥而食也。」

這些舊時風情一代一代傳遞，到了清朝，有位很有才華，然而官運並不亨通的人叫作富察敦崇，他寫了一本《燕京歲時記》，裡面比較詳細地提到了臘八粥的原料：

「臘八粥者，用黃米、白米、江米、小米、菱角米、栗子、紅江（豇）豆、去皮棗泥等，合水煮熟，外用染紅桃仁、杏仁、瓜子、花生、榛穰、松子及白糖、紅糖、瑣瑣葡萄以作點染。」

這裡面北方比較少見的是菱角米和瑣瑣葡萄。菱角米即菱角剝殼後的灰白色內瓤，《齊民要術》中載：「菱能養神強志，除百病，益精氣。食之能安中補臟，耳目聰明，輕身耐老。」瑣瑣葡萄按《回疆志》記載：「葡萄一根數本，藤蔓牽長，花極細而黃白色，其實有紫、白、青、黑數種，形有圓長大小，味有酸甜不同……一種色紫而小如胡椒，即瑣瑣葡萄……」

其實臘八粥的原料也許是最為豐富的，家家戶戶都會有自己的配方。順便一提，除了臘八粥，北方在臘八這天也必醃製臘八蒜，就是將紫皮蒜瓣去皮，放入一個可以密封的罐子、瓶子之類的容器裡面，然後倒入醋，封上口即可。至除夕那天啟封，蒜瓣翠綠如碧玉，吃餃子也是絕配。

年糕，年糕

年年高

大學時代，我去寧波慈溪一個關係很好的同學家裡。在那裡，我第一次住有閣樓的老房子，第一次看到房頂用貝殼類的東西熬煮成半透明的片嵌成頂窗，第一次吃到黃泥螺，第一次喝到用開水沖泡就成一碗湯的東海紫菜，第一次去看戚繼光抗倭的炮臺，第一次吃到好多不認識的海鮮，第一次吃到鯗頭，當然，也是第一次吃到慈溪年糕。

同學的媽媽對我尤其好，每餐飯都很豐盛，我記得吃了兩次年糕，一次是甜的，年糕、紅豆、棗子煮在一起的，很是軟糯香甜；一次是用海蟹炒的年糕，汁濃味美。後來我進了餐飲這一行，雖然不是廚師，畢竟也時常接觸食材，才知道慈溪年糕很有名。

常有人說慈溪的文化之根在慈城，而慈城年糕距今已經有上千年的歷史。相傳春秋時期吳國大夫伍子胥曾在慈城作戰，後來他臨死前對部下說：「如果國家有苦難，百姓斷糧，你們到慈城城牆下挖地三尺可得到糧食。」伍子胥死後，部下被越軍包圍，城中斷糧，餓死了不少人，這時有人想起伍子胥的話，就去挖城牆，挖了三尺多深，果然挖到了許多可吃的「城磚」，而且吃了這些城磚還特別耐餓，這些城磚其實就是年糕。原來，當年伍子胥在慈城督造城牆時，已做好了屯糧防饑的準備。從此以後，每逢過年，慈城家家戶戶都做年糕，年夜飯就吃年糕湯來紀念伍子胥。

這個傳說語焉不詳，漏洞也比較多，然而可以確信的是，年糕是慈溪人很重視的吃食。其實全國各地有年糕的地方都很重視這種吃食，主要是因為年糕兆頭好，年糕年糕，年年高。這其中的寓意是我們對生活的積極祝禱，正是有了這些對生活的美好嚮往和點點滴滴的情愫，我們才成為真正的中國人，才像年糕一樣在千年的歷史中凝聚不散。

酒釀年糕甜湯（蛋、奶）

主料：慈溪年糕、米酒釀

輔料：雞蛋

調料：白糖

做法：

1. 年糕切成片，雞蛋打散。
2. 湯鍋加水煮開，將年糕條下鍋。
3. 煮至年糕條浮起，即可甩入雞蛋花，最好只用蛋黃液。
4. 隨即下入米酒釀，煮一分鐘即可，煮久則發酸變苦。
5. 撒入白糖即可出鍋。

年糕｜慈溪

酒釀｜四川

白蘿蔔

當家菜

我小時候非常不愛吃白蘿蔔，但一直在努力嘗試，等做了餐飲這行，才發現白蘿蔔是很多地方的「當家菜」——涼拌蘿蔔纓（葉）、醃蘿蔔皮、燒蘿蔔、燉蘿蔔、煮蘿蔔、蘿蔔絲蒸菜、蘿蔔絲釀豆腐泡，還有泡菜蘿蔔丁、辣蘿蔔乾……蘿蔔走遍大江南北，全菜系都有它的位置。

我從業的川菜集團裡，用白蘿蔔做的菜也很多，員工餐也有白蘿蔔連鍋湯——清水煮白蘿蔔塊配個青辣椒碟子蘸著吃。此菜一出，四川人洋溢著幸福的微笑，而我們北方人全部哭喪著一張臉，還給這道菜起了一個新名字：水上漂湯。

後來我學了一些中醫，中醫對白蘿蔔的看法是相當正面的。中醫認為白蘿蔔味甘、辛，性涼，入肺、胃、大腸經，有清熱生津、涼血止血、下氣寬中、消食化滯、開胃健脾、順氣化痰的功效，主要用於腹脹停食、腹痛、咳嗽、痰多等症。

《本草綱目》也對白蘿蔔讚賞有加，稱其為「蔬中最有益者」。用我中醫老師的說法就是：「白蘿蔔雖然破氣，於當今滋膩飲食結構，實無異於人參也。」特別是正月裡，天寒地凍的北方，外面看著寒冷，實際上人體內因為油膩吃得多，加上暖氣熱氣蒸騰，食火反而是重的，多吃白蘿蔔，就會舒服很多。

既然白蘿蔔這麼好，那就繼續努力吃吧。可我還是不喜歡它那寡淡的味道，還想用辦法去遮蓋白蘿蔔的辛辣氣，但不用辣這麼重的調料。其實，要顯現出白蘿蔔的回口鮮甜，可以試試搭配五穀。

五穀雜糧燒蘿蔔（蔥、蒜）

主料：白蘿蔔（象牙白蘿蔔最好）

輔料：青稞米、薏米、糙米、黑米、紅豆

調料：植物油、醬油、小蔥、薑、八角

做法：

1. 蔥白切段，蔥綠切末，薑切末，雜糧在冷水中浸泡十小時左右，撈出加蔥段、八角加熱水，以小火蒸十五分鐘，使雜糧表層開花。
2. 白蘿蔔去皮切塊。
3. 用薑末和蔥花熗鍋，略微翻炒白蘿蔔塊。
4. 倒入蒸好的雜糧，加水和醬油燒煮到白蘿蔔表面成型、內裡軟爛即可。

白蘿蔔｜山東

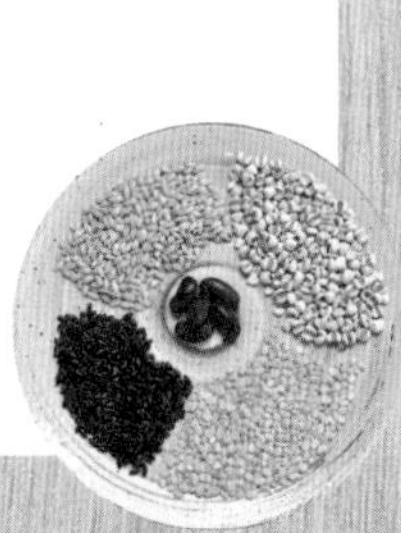

雜糧（含青稞米｜西藏）

炒琪

泥巴裡面出美味

炒琪，除了山西人，可能外人不僅沒見過，連聽也沒有聽說過。《舌尖上的中國》流行過一段時間，流行的原因還是鄉土觸動人心，人文涵於美食，而炒琪觸動人心的，則是實實在在的「鄉土氣息」。

簫簫從山西回來，帶給我一包綠豆餅和一包炒琪，我覺得都不錯。我是太原人，看見山西的東西，往往帶著親切，無他，唯來自故土耳。

做炒琪，離不開泥巴，而且要用黃土高原產的偏白的窯洞白泥巴。說是白泥巴，倒不至於像觀音土那麼白，其實還是黃土。黃土不能選黏土，而要選直立性好的那種土，不僅要敲打成細末，還要用篩面的細眼籮筐篩成粉麵。大鐵鍋燒熱，先炒白土。另一邊就要準備「琪子」。琪子是白麵加上鹽、花椒粉、植物油，用雞蛋與水和成麵糰，然後餳一會兒，擀成大圓片，切成指頭般寬的條，再滾著搓成圓柱體，用刀切成小粒。

白土什麼時候才算炒好了？要像水開了一樣，表面也冒大氣泡。這時候把琪子倒進去，不斷翻炒，炒到變硬，表面呈乳白色就好了。放涼之後倒進細眼籮筐，把土粉麵篩掉，就可以吃了，講究的還要用乾毛巾把表面擦一遍。

做好的炒琪色澤焦黃，口感清脆，香醇可口，關鍵是久藏不壞。相傳炒琪為舜帝攜娥皇女英暢遊歷山炒琪窪所留，民間認為「脾虛傷食，補以脾土」，所以炒琪對於腸胃疾病具有良好的防治功

〖炒琪〗

能，還能預防水土不服。簫簫知我有慢性胃炎，特意帶回來，真是有心了。

很多人對泥巴做食物媒介有疑問，其實中國對泥巴的利用非常早。我記得有一個醫案，是關於清代名醫葉天士的。乾隆十六年（一七五一年），江陰、宜興等地霍亂肆虐，恣意流行，眼看瘟疫難以控制，並有蔓延之勢，千總大人十分著急，派人去請葉天士。葉天士來到疫區，察看了疫情，並用帶來的中草藥配製成「四逆湯」救治病人。但霍亂流行面廣，患病人多，帶來的藥材很快就要用完了。

這時，一個隨行的人說，在他的家鄉也流行過類似的病，當地人挖取帶蚯蚓的地下黃土沖水喝，效果很好。一句話提醒了葉天士，他想起張仲景的《金匱要略》上就有「黃土湯」的方子，方中灶心黃土即灶心上燒過的土，藥名伏龍肝，有溫補脾胃、止吐、止瀉的功效，而天甯寺的和尚上吐下瀉就是靠喝陳芥菜滷治好的。葉天士心想，灶心土研末後用陳芥菜滷送服定能起效。於是，他發動村民燒黃土，天甯寺的和尚也送來了陳芥菜滷，讓村民服用。果然，村民在服用了陳芥菜滷後，患病者很快痊癒，健康者再也沒有被傳染，霍亂疫情很快被控制住。而在此之後幾百年，人們才從黃土中提煉出了土黴素等消炎物質。

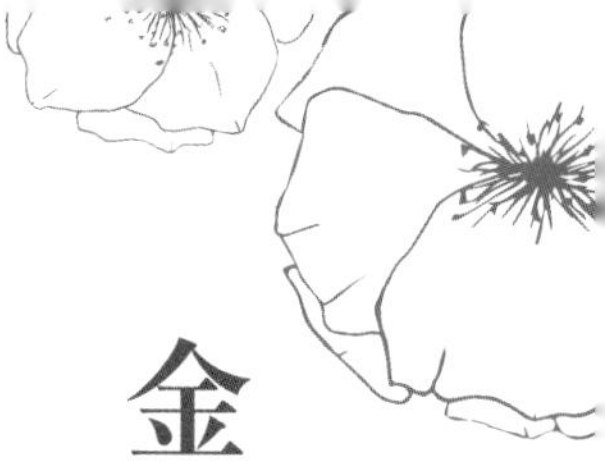

金針菜

悠悠寸草心

萱草的花語是「忘卻的愛」，憂傷卻淡淡的。中國古代的遊子離開家之前，都會到幽深的北堂——母親居住的地方，種下一片萱草，希望萱草花那一抹亮色能夠撫慰母親掛念孩兒的心。而後來，因為萱草花亮而不妖，花形端莊，它也逐漸成為「母親」的代稱。

小時候我在河床上玩累了睡著，被毒蚊子叮得滿身大包，幾近昏迷，母親把我送到老中醫那裡。幾副藥下去，我又恢復如初。老中醫最後一次幫我看病時撫鬚而言：「孩子還小，未下猛藥，餘毒尚在體內，直到十五歲前，每年夏秋季節身上必起黃水皰，癢甚，需挑破，沾塗金風散。」金風散為何物？乾金針研為細末即成。其後，果真如老人家所言，屢試不爽，於是每年金針粉末都不離我左右。年滿十六，果真未再犯。感恩之情，半係老人家妙手，半係金針之功。

後來翻閱醫書《本草求真》上說：「萱草味甘而氣微涼，能去濕利水，除熱通淋，止渴消煩，開胸寬膈，令人心平氣和，無有憂鬱。」李時珍《本草綱目》上也說，萱草可以「療愁」。所以，古人也稱萱草為忘憂草，然也、然也。

在很多文學作品裡，每當充滿思念惆悵時，萱草都會出現，可我每當看到萱草的時候，都很高興，因為它還有一個名字

金針

- 大花萱草：屬萱草屬，不可食用。千萬不要在花壇裡隨意採摘並食用，以免導致身體不適。
- 橘紅（橘黃）色花的萱草：含大量秋水仙鹼，哪怕在熱水裡燙了又燙，也不能食用。
- 黃色花的萱草（金針菜）：原產中國，花呈檸檬黃色，花蕾為著名的「黃花菜」，可供食用。
- 乾黃花菜：挑選潔淨、鮮嫩、不蔫、不乾、芯尚未開放的黃色花的萱草曬製而成。

叫作「黃花菜」，是我很愛吃的食材。萱草是很雅的稱呼，黃花菜就平易近人多了。姥姥原來總會在屋前平整出一塊地，種十幾叢黃花菜。每到夏季，黃花菜開出嫩黃色或者橙紅色的花，姥姥就會把它們帶著露水採下，用水沖洗乾淨，然後上蒸籠蒸透，放在通風的陽光處徹底曬乾，一年的金針就夠吃了。「黃花菜」是它新鮮的時候，等它乾了，通常就叫它「金針」，也沒什麼緣由，大概就是因為乾了後像一枚金色的針。

黃花菜入菜很神奇，可以馬上提升菜的味道和香氣。將它用於麵條打滷時，一股幽香中透出鮮甜氣息，豐富了味覺的層

大花萱草（不可食用）

橘紅色花的萱草

黃色花的萱草（金針菜）

乾黃花菜

次，澆在麵上，再加點醋，嘿，別提多帶勁了。我自己也喜歡把它用在烤麩裡。我現在吃的烤麩都是買好麵筋自己做，如果配料裡缺少了金針，烤麩最終的味道就會大打折扣。

姥姥八十八歲的時候去世。而去世那天還正常地做了晚飯，後來晚上十二點的時候突然從床上坐起嘔吐，送到醫院冉也沒有醒來。姥姥去世時未遭苦痛，只是從那以後我再也沒法吃到味道特別好的黃花菜了。

黃花菜燒烤麩（全素）

主料：烤麩一塊（濕）、黃花菜（金針）

輔料：秋耳十克

調料：植物油、老薑、八角、醬油、鹽、白糖

做法：

1. 黃花菜事先泡發；秋耳泡發，用手撕成適口塊狀，老薑切片。
2. 烤麩切成適當的塊狀，加水和八角及調料一起下鍋煮。
3. 起鍋，熱油先爆香薑片，再將煮好的烤麩塊撈起放入，接著放進泡好的黃花菜和秋耳，不要再添加其他任何調料，只要使用煮烤麩的醬汁作為調料即可。
4. 將所有食材燒到鍋內的醬汁快要收乾即可。

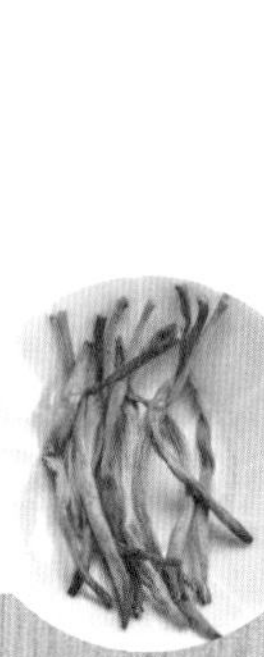

黃花菜｜湖南

烤麩｜四川

秋耳｜黑龍江

烤麩

江南地區常見的特色食品。用帶皮的麥子磨成麥麩麵粉，而後在水中搓揉篩洗而分離出來麵筋，再經發酵蒸熟製成，呈海綿狀，蛋白質含量高，也含有鈣、磷與鐵。

雖然烤麩與一般豆製品都在豆製品店中出售，但與一般豆製品中所含的大豆蛋白不同，烤麩中所含的是小麥蛋白。烤麩與豆製品一同食用時，能起到蛋白質互補的作用。

乾烤麩需要用溫水浸泡，溫水中可以加入少許鹽，泡四十分鐘左右，就泡開了，泡開之後，用清水反覆沖洗幾次，因為乾烤麩是發酵食品，所以，它會有些許酸味，用溫鹽水浸泡和用清水反覆沖洗，可去除烤麩的酸味。

腐乳

用往事來釀

人的很多習慣都是小時候養成的，比如，我喜歡吃腐乳。紅腐乳配饅頭，一口下去，鹹香的感覺充盈口腔；而吃臭豆腐，最適合配熱窩頭，臭豆腐的臭、窩頭的熱氣和玉米麵的香氣混合出奇妙的美味，令人欲罷不能。

女兒出生前的某天，我和媽媽、太太閒聊。孩子還沒有出生，我們已經開始想如何教育孩子的問題（看看，中國人都是這樣的）。我不贊成讓孩子上學前班，因為我覺得孩子會很累，而且會過早扼殺創造力，倒是可以讓孩子五歲上小學。當了一輩子高中老師的老媽插了一句：「那可不好，心智模式還不健全呢。」「我就是五歲上小學，沒覺得自己有什麼不健全啊。」老媽笑了：「你上學第一天，非要背著原子小金剛的娃娃一起去，我只好和學校老師說明情況，老師很懂教育心理啊，和班上的學生介紹說：『今天我們班來了兩個新同學，一個叫李韜，一個叫原子小金剛』。」哦，這件事情，貌似有印象。回頭看太太，已經笑噴了。就算是自己的事情，隨著時間流逝，也會記不清了呢。不過，人的很多習慣都是小時候養成的，比如，我每天睡覺前要看一會兒書；比如，我洗臉喜歡用冷水；還比如，我喜歡吃腐乳。

腐乳有三種，很好區分，顏色不同嘛——白腐乳、紅腐乳、青腐乳。白腐乳就是豆腐發酵的原色，我自己最喜歡的是台灣出產的白腐乳。曾記得從台灣調到北京工作的Alice送了我一大瓶，裡面還有黃色的如同水豆豉的豆瓣，白腐乳本身滑膩如脂，用筷子頭刮一小層下來送進嘴裡一抿，是特有的腐乳香，而且並不怎麼鹹，還帶著回甜，一頓飯我可以吃兩大塊。

紅腐乳在北方多是醬豆腐，比白腐乳要硬，往往加了玫瑰醬來提香，紅色是因為加了紅麴素，於是紅腐乳便有了過年般的喜慶、仿若高雅的玫瑰之香。把紅腐乳抹在饅頭上，看著一抹紅深入白色的饅頭內層，鹹香的感覺就已經充盈口腔。青腐乳也叫青方，在北京也叫臭豆腐，最有名的就是王致和的。在腐乳的發酵過程裡加入青礬，發酵好的腐乳會有蛋白質分解的臭味，顏色也變成了青灰色，但是風味獨具。吃臭豆腐最適合配熱的窩頭，一下子抹上去，臭豆腐的臭、窩頭的熱氣、玉米麵的香氣一下子混合成奇妙的美味。

不管哪種腐乳，總歸要使用豆腐進行發酵，形成菌絲體後再加上滷汁浸泡醃製入味。別小看一塊腐乳，手工製作，工序多多，注意事項也不少。首先是選擇豆腐的時候，豆腐的含水量是個大問題。豆腐裡面的水分多，豆腐軟，做出的腐乳不成形；水分太少，豆腐發乾，真菌菌絲就不好快速生長。

用科學的資料來說，豆腐的含水量應控制在七十%左右。豆腐需要使用稻草或者粽葉等引發真菌天然生長，這個過程大約五天，這期間溫度必須在十五到十八度，否則會影響真菌生長。當直立的菌絲已經呈現明顯的白色或青灰色毛狀後，還要將豆腐攤晾一天，為的是散掉發酵產生的黴味以及減少豆腐在發酵過程中產生的熱量。當豆腐涼透以後，就成為長滿毛黴的腐乳毛坯，這個時候就可以用滷汁醃製了。

隨著年齡的增長，有時候我也開始回憶過去。把往事釀成紅酒，你會享受醇美的香氣，別人也會欣賞你光鮮的生活；而把往事釀成腐乳，也許更多的味道只有自己知道，卻可以伴你一生且永不生厭。

蕎麵灌腸

一碗吃飽，不想家

蕎麵灌腸，是盛行於山西太原、祁縣、太谷、榆社、文水一帶的傳統風味小吃，原料選用甜蕎麵。山西自古風沙大，水質也不好，蕎麵對於清腸胃有絕佳效果，故取名「灌腸」。

我離開太原的時候年方二十二歲，再回去，已經三十五歲了。太原有一條貫穿城市的大河——汾河，在唐朝時可以行駛三層樓高的樓船。但兒時的汾河已經是小孩子可以嬉戲的小河了，我離開太原時，汾河公園還沒有開始建設。

有一年，同事去太原出差，住在汾河岸邊的賓館裡，打電話給我說你們家鄉不錯啊，楊柳依依，碧波蕩漾。我聽到這話直接就傻了，問：「你是不是去錯地方了？太原風大，灰塵也多，我讀書的時候騎自行車回家，耳朵裡都是沙子。」

回鄉辦理戶口的有關事宜時，我更錯愕了。出了高鐵站，怎麼也想不起來自己在哪兒，打電話給同學，他說你就在中環路邊站著。我一下子急了：「我沒在香港，我在太原！」同學說你這不是廢話？我知道你在太原，高鐵站出來那條路叫「中環」！

等安頓好了，同學問我想吃啥，我說就想吃山西菜。同學說：「這時間早不早晚不晚的，晚上還有幾個同學來，我們再一起去餐館，先去吃小吃墊墊吧。」因為我吃素，羊雜割是不能吃了，同學幫我點了一碗蕎麵灌腸。

灌腸上桌，還沒等吃，就有點鼻子發酸，才吃幾口，連著說「這個好、這個好」，然後怎麼也忍不住了，一邊哭一邊吃，眼淚劈裡啪啦的，周圍呈現了圍觀態勢，只見同學鬱悶地悶頭喝他的羊肉湯。

蕎麵灌腸，是小時候常吃的小吃。灌腸和麵皮、綠豆涼粉攤常在一起，同學三五個，霸佔一個小攤子，有的吃涼粉，有的吃麵皮，有的吃灌腸，有的要辣，有的要麻醬，有的要大蒜，熱鬧且開心。

做灌腸的蕎麵，不是四川涼山那種泡水喝的苦蕎，而是甜蕎麵。做灌腸要先把蕎麵與清水和成麵團，麵團再加水稀釋，而不能直接和成麵糊。稀釋的時候要加一點鹽，增加黏性。之後把麵糊倒入抹了油的盤子裡，上籠蒸熟。蒸的時候盤子上必須加蓋一個盤子，否則蒸汽會把灌腸表面打成黏黏糊糊的或使灌腸表面佈滿小孔。蒸好的灌腸晾涼取出切條，可以涼拌也可以熱炒。涼拌一般是加辣椒油、芝麻醬、黃瓜絲，講究的還要澆上滷；熱炒一般是加黃豆芽和辣椒一起炒，出鍋前一定要飛點山西老陳醋或熏醋，然後加上鮮蒜泥，香味一出來就關火。

至於為什麼叫作灌腸？山西自古風沙大，水質也不好，蕎麵可清腸胃，所以叫「灌腸」。蕎麵不是藥，但裡面都是好東西——豐富的蛋白質、維他命B群、芸香苷（rutin）類強化血管物質、礦物質及膳食纖維等。它還有一個功能，可能只對我有效——吃飽了不想家。

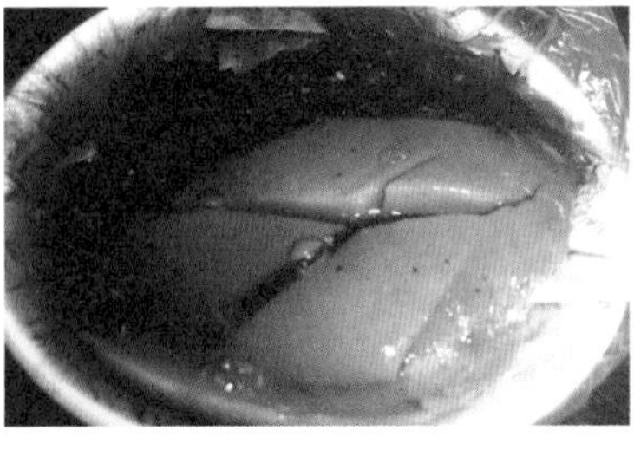

〖 灌腸 〗

糯米山藥

吃貨的美味

山藥、山藥，山中靈藥是也。《神農本草經》是把「山藥」列為上品的，說：「山藥味甘溫，主傷中，補虛羸，除寒熱邪氣；補中，益氣力，長肌肉；久服耳目聰明，輕身，不饑，延年。」幾乎是把山藥當仙丹來說了。

我工作的主業是培訓師，經常連續幾天講課，難免氣虛，自然也極喜食用山藥。

常見的山藥品種中，河南焦作的鐵棍山藥自然是很好的。我的中醫老師開方子的時候，往往會寫上「懷山藥」，為什麼呢？因為焦作古稱懷慶，這個地方有「四大懷藥」——懷熟地、懷山藥、懷菊花、懷牛膝。懷慶的「四大懷藥」是道地藥材，所以治病效果也很好。

鐵棍山藥比一般菜山藥水分含量低，極為粉糯，也比一般山藥細，形如細棍，且外皮有像鐵銹一樣的痕跡，故得名鐵棍山藥。因為鐵棍山藥太好了，我長時間一直有個認知，就是山藥是越細越好。所以，第一次看到「糯米山藥」的時候，一直覺得這種山藥很詭異。

糯米山藥不是糯米和山藥，而是溫州的一個山藥品種。形體巨大，一個山藥可以重達十幾斤，不僅粗大，形狀還不規整。但是吃過之後，口感確實綿糯如糯米，不得不令人佩服。糯米山藥粉質大，蒸熟直接吃難免過乾難以吞咽，最適合的做法是燒燉，尤其是和紅棗一起煨燉。

煨燉糯米山藥（全素）

主料：溫州糯米山藥

輔料：紅棗

調料：花生油、醬油、薑

做法：

1. 山藥洗淨，削去外皮後切成滾刀塊；紅棗泡軟，去核；薑切末。
2. 將山藥塊上鍋蒸至斷生（八分熟）後備用。
3. 炒鍋置於火上，燒熱後加少量花生油。待油至七成熱時將山藥塊倒入鍋中，表面過油煸炒上色。加入薑末和紅棗繼續煸炒。
4. 淋少許清水防止黏鍋，翻炒片刻後加入醬油，翻炒直至顏色均勻，關火後在炒鍋內放置一分鐘入味即成。
5. 可以撒入黑松露碎或白松露油，味道更加美妙。

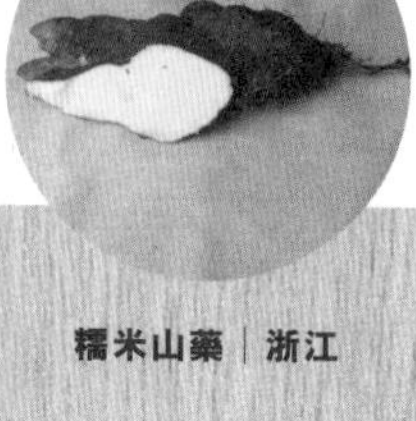

糯米山藥｜浙江

紅棗｜陝西

煎蛋麵

懷念初時的相遇

在成都有很多麵食，比如甜水麵、擔擔麵、燃麵，還有早餐我最喜歡的煎蛋麵。有句俗語，叫「少不入川」，意指天府之國好吃好喝、好山好水，外加美女如雲，太過閒適、安逸，工作、生活節奏都過於緩慢，不適合少年奮鬥與進取。不過，從煎蛋麵來看，成都的效率其實還蠻高的。

我有一位好哥兒們，是土生土長的成都人，和我一樣，在北京工作、打拼，待了有近十年。如今衣錦還鄉，不用葉落即能歸根，令人羨慕。然而他回到成都後，時常打電話來向我抱怨，每次的「引爆點」都是他做一件什麼事，當地人的效率都跟不上他的節奏。我仔仔細細地研究了他一番，再次確定他本人就是如假包換的成都人。而那時，我剛剛拿到成都市戶口，並且和他做了鄰居。

說回到煎蛋麵，其實從煎蛋麵本身來看，成都的效率還是挺高的。煎蛋麵，原來一般作為「打間」用，就是家裡來了客人，既不在午飯時間上，也不在晚飯時間上，在這間隔期間，不能讓客人餓著，來碗煎蛋麵，快捷、味好、暖人暖心。

煎蛋麵的用料雖然簡單，可是都十分對路——雞蛋煎成略帶焦糊邊的，看著就香；番茄要多一些，煮到湯裡紅彤彤的，酸酸甜甜好開胃；麵條也不用手擀，掛麵就行。連湯帶菜帶麵，一碗下去，昨夜宿醉帶來的搖擺，今晨大霧籠罩的惆悵，盡皆消散。

煎蛋麵雖然簡單，卻也馬虎不得。蛋煎好後，一定要加湯煮一會兒，才能把雞蛋裡的小油滴煮成白白的湯色，而煎蛋的香氣也進入了湯裡，如果不煮，就不是煎蛋麵，只能說是一碗麵上加了個煎蛋。還有要注意番茄下鍋的時間，快出鍋前再下入番茄，滾幾下，紅色的氣勢一起便可出鍋，久煮就失去了番茄的意趣。

如今在成都，滿街都能看到「華興煎蛋麵」的招牌，以前正宗的煎蛋麵店家據說從華興街緣起。而當時，麵館裡充滿了跑堂得意的叫賣聲，帶著別處不可複製的川韻——「煎蛋麵，二兩，白湯」，「三兩、紅湯（加了辣椒油）」，是一種此起彼伏的快意感覺。煎蛋是認真費時手作的香味，番茄都是老老實實自然成熟且分量足夠，看著就那麼讓人熱愛生活。然而現今，很多麵館已經不肯好好花功夫去做這碗煎蛋麵了，吃了幾次，難以覓得初時相遇的味道，憑添惆悵。

煎蛋麵（蛋、奶、蔥、蒜）

主料：麵條

輔料：雞蛋、番茄（可隨意搭配蔬菜，只要新鮮即可）

調料：沙拉油、鹽、蔥花

做法：

1. 炒鍋裡加沙拉油，注意一定要熱鍋涼油（鍋先燒熱，再倒油），把雞蛋攪散均勻，大火下鍋，待定型後用中火煎到兩面微黃，盛出來待用。
2. 炒鍋內直接加熱水燒開煮麵，麵至五、六分熟時加入煎蛋一起煮，直到麵將熟，湯色泛白。
3. 番茄切成小塊，倒入鍋中煮開。
4. 加鹽調味，出鍋裝碗，麵在下，上面放煎蛋，撒上蔥花，澆入麵湯即成。

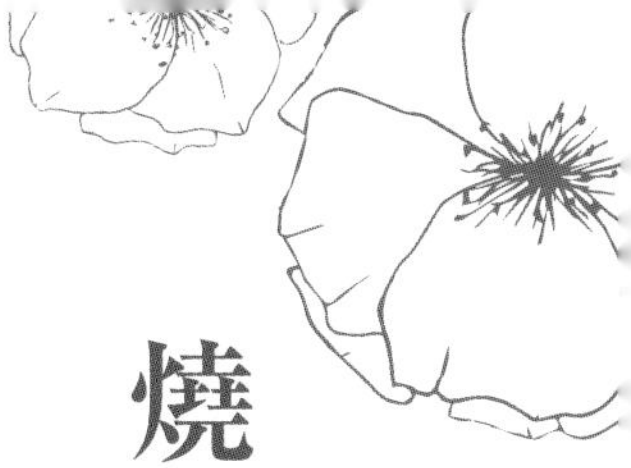

燒仙草

我愛的芳草香味

我在飲食裡有很多固執的癖好，這些喜好都以「我愛某某某」直白潑辣地表達出來，比如蔓越莓，比如曼特寧，比如苔菜。夏天的時候特別愛上火，所以鍾愛龜苓膏，但隨著年紀日長，體內熱性漸少，加之轉向素食，龜苓膏不再吃了，轉而對燒仙草情有獨鍾。

大概是身體屬於陽性體質，又偏胖，故而容易上火，因此我也總是喜歡寒性的食物，夏天的涼茶、龜苓膏、苦丁茶都是我的愛物，但更愛的是燒仙草。我女兒也愛上火，她更喜歡龜苓膏，或者說，她還沒太分得清龜苓膏和燒仙草。

龜苓膏，顧名思義，有龜有苓。龜是鷹嘴龜，苓是土茯苓。鷹嘴龜是名貴的中藥，做龜苓膏用的是腹板和背甲，燒煮成湯，可清熱解毒；土茯苓則可祛濕。除了這兩種主藥外，再配以生地、蒲公英、金銀花等來加強藥效。生活在沿海諸地的人常會食用龜苓膏，它能清熱祛濕，止瘙癢，去暗瘡，備受人們喜愛。龜苓膏和燒仙草雖然都是黑乎乎的，但是龜苓膏彈性要大一些，也較為透明。

燒仙草在江西、廣西等地方也叫黑涼粉，主料就是仙草乾。新鮮的仙草葉子色綠，卵圓形或唇形，邊緣有鋸齒，看不出來什麼仙風道骨，等到變成仙草乾，就是細細的枯紫色莖乾，彷彿連餵馬都不配。而在《本草綱目拾遺》中，關於仙人凍（仙草）的記載，倒確實有了療饑澤顏的慈悲光輝：

「一名涼粉草，出廣中。莖葉秀麗，香猶藿檀，以汁和米粉食之止饑。山人種之連畝，當暑售之……夏取其汁和羹，其堅成冰，出惠州府。療饑澤顏。」

我愛燒仙草，純粹是因為它特殊的草香味道。把仙草乾放在水裡煮到黑濃，再用蘇打水一激，就會成為像果凍般的結塊，帶有微苦的香氣，可以加上幾顆金絲紅棗、芋圓，撒把紅豆，煮到紅豆綿軟時，就一起撈出盛在碗裡，熱騰騰的燒仙草就做好了。仙草的苦香彈滑、紅豆的綿軟、紅棗的甜美、芋圓的滑糯都融合在一起交替呈現，真的有如仙人珍饈。燒仙草也可以吃涼的，我喜歡把冰鎮後的仙草塊，加上棗花蜜，撒點煮好的紅豆粒，擠半個青檸檬的汁水一起吃下，涼爽宜人，酸、甜、苦和涼、滑、軟混在一起，足可以抵禦夏日炎熱。

燒仙草，不是生在靈山上的紫芝，也不是種在崑崙瑤池的蟠桃，還不是凝在離恨天外的絳珠，更不是萬壽山五莊觀的草還丹，卻更貼近凡間，也更貼近我的心。

〖燒仙草〗

山西老陳醋

屋裡有餘糧，院裡有醋罈

韓劇《大長今》裡的一個片段：韓尚宮和崔尚宮比賽料理水準，題目是「無題」。韓尚宮以前和明伊一起調校了一醒醋，埋在樹下，二人立誓日後誰當上最高尚宮，就要將醋送給對方。因為崔尚宮的陰謀，韓尚宮準備的食材全部被污染，她只好出宮去重新尋找食材，沒有能夠及時趕回宮來。長今臨時替她參加比賽，結果前兩道菜都失利了。最後一道菜是大蒜汁拌生菜，不僅大蒜比較爽口，又格外有一種微酸回甜的味道，這道菜博得了皇太后、皇帝和皇后的一致認可，這都是那罈埋在樹下幾十年的醋的功勞啊。作為山西人，看到這段，不禁會感慨——這就是老陳醋啊。

山西人離不開醋，以前找女婿，基本要求是「屋裡有餘糧，院裡有醋罈」，沒有醋，那是很難生活的。山西各地都有自己的品牌醋，但是老陳醋主要集中在太原和晉中。和大家熟知的山西「東湖」「水塔」「陳世家」「紫林」等品牌不同，太原人最認可的應該是寧化府的「益源慶」。

明朝開國皇帝朱元璋冊封其第三子朱棡為晉王，冊封朱棡之子朱濟煥為甯化郡王。明朝洪武十年（一三七七年），「益源慶」創辦，當時是寧化郡王府內釀醋、磨麵、製酒的小型作坊，釀出的醋僅供自用。到清朝嘉慶二十二年（一八一七年），「益源慶」每日所產醋量已然超過一百五十公斤，為當時山西最大的製醋作坊。

陳醋之所以為陳，是因為至少要陳釀一年以上，而我自己比較喜歡陳釀五年以上的。老陳醋最大的特點是不能「傻酸」，而是要酸中回甜，回味有香，入口不殺口，反而有綿軟濃稠的感覺。

記得我們家的醋瓶和醬油瓶常分不清，因為老陳醋也會掛壁，很是黏稠，一不小心就和醬油搞混了。老陳醋在太原基本上是用來炒菜的，因為它一受熱更香，酸味可以

● 東湖

● 水塔

● 陳世家

● 紫林

融進菜裡，酸度卻不大。

而涼拌菜，山西人更喜歡用熏醋。相傳三百多年前平陽府「祥泰盛」醬菜園，一缸醋醅被緊鄰的一隻取暖用的火爐烤成亮晶晶的深紫色，香氣襲人，淋出來的醋有撲鼻的熏香味，酸甜柔和，汁濃色亮，別具一格。掌櫃如獲至寶，從此改為生產高粱熏醋出售，名揚三晉。新中國成立以後，「祥泰盛」更名為臨汾第一釀造廠，生產的熏醋曾獲國家優質產品銀獎。熏醋其實和老陳醋不矛盾，它加了一個燻焙的工藝，又不陳釀，酸度要大一些。

無論是哪一種醋，過去的釀造法都不會添加防腐劑和其他食品添加劑，就算是在今天，只要是傳統工藝釀造的醋，也堅守這個原則。但要想能夠在超市銷售並且長期保存，防腐劑和食品添加劑又是無可奈何之選。所以你看，山西人「院裡有醋罈」的願望還真是挺奢侈的呢。

茶泡飯

平淡的幸福一口吃完

塚本老師是日本尺八（竹製中國古樂器，管長一尺八）明暗對山流的傳承人，有次我和老師一起吃飯，他拿出從日本帶來的梅子和白飯一起吃。我嘗了一顆，應該是醃漬過的梅子，酸、甜、鹹、澀、苦，五味雜陳，我敬謝不敏。後來在日本料理店吃飯，店主人為我準備了一碗茶泡飯，飯上端端正正地擺了一顆梅子。起初我是硬著頭皮吃了。沒想到，茶湯和梅子再加上一點海苔絲，給白飯增添了無窮複合的滋味，我居然越吃越開心，一口氣就吃完了。

仔細回想，那茶湯似乎不是真的茶，應該是大麥茶。沒過多久，正好看著名舞蹈家刀美蘭老師的專訪，當時她年過六旬，可是依然腰肢纖細，秀髮烏黑，據刀美蘭老師說，這應該歸功於她經常吃「茶淘飯」。我一聽來了興趣，接著往下看，這不就是茶泡飯嘛。茶淘飯是傣族的飲食傳統之一，用普洱茶泡水，直接倒在白飯裡，就可以吃了。這真是最為質樸的茶泡飯啊。

後來接觸過很多營養師，似乎對茶泡飯是有質疑的。認為茶水不宜與食物一起食用，茶水中所含的生物鹼包括咖啡因、茶鹼等會與胃酸中和，不利於消化。因此，茶泡飯會使胃的負荷加重，不利於營養吸收。

但是日本也好，中國雲南的邊陲也好，他們卻都鍾情於茶泡飯，就連《紅樓夢》中的寶玉，居然有時一碗茶泡飯就對付了，可見茶泡飯是一個可高可低的吃食。

從茶泡飯悠久的歷史來看，可能沒有那些營養師說的那麼差勁。茶泡飯，在日本叫作「茶漬け」，但是除了作茶湯和米飯之外，可以搭配很多東西。日本漫畫《深夜食堂》中有三個經常光顧那小餐館的大齡單身女性，被稱為「茶泡飯三姐妹」。她們一個喜歡在「茶漬け」上加上梅乾，一個喜歡加鱈魚子，一個喜歡加三文魚刺身。每次光顧，老闆都會很默契地為她們三位送上各自喜好的「茶漬け」。然後她們一邊八卦著男人們的那些事兒，一邊很幸福地大口扒著茶泡飯。當她們的閨蜜情出現裂痕時，老闆一語不發，讓她們互相交換著吃對方喜好的東西，讓她們試著站在對方的角度，品味對方的人生，一碗溫暖的茶泡飯就成為三人友情的見證。

我倒覺得不要給一碗茶泡飯這麼大的壓力，它並不承載什麼，它就是一碗茶泡飯。它之所以一直沒有消亡，不過也是因為它的平淡。如果你在生活中時時刻刻都追求刺激，追求包圍著你的愛，追求匠心獨運，那你過的不是生活，你是一個並不想出戲的演員。「平平淡淡才是真」這樣的話當大道理說出來並不算什麼，能做到卻不容易，能用這種平和的心境去享受平淡而不感到委屈，才是難得。

李韜版的茶泡飯（全素）

主料：煮好的白飯、滇紅茶

輔料：梅子乾、水豆豉、海苔絲

調料：鹽、醬油

做法：

1. 滇紅茶正常沖泡，稍濃一些，取茶湯。
2. 米飯盛入碗中，只占一個碗底即可，撒一點點鹽，滴一、兩滴醬油。
3. 飯上擺好三、四顆水豆豉、海苔絲和一顆梅子乾。
4. 沿碗壁澆入熱的茶湯，拌和略泡後食用。

白茶慕斯

入口皆清香

我這顆「中國胃」，整體上不太愛西點。西點香豔，中點端莊。中點裡哪怕是一小塊松仁核桃糕，都會莊重地待在那裡，它在等你想起，你能想起它，對它必是真愛，它回饋給你自然、真誠、淳樸的味道，什麼都不會太過——不那麼甜、不那麼膩、不那麼油。它知道，最好的是相伴，日久才見真情，一時不過爭個長短罷了。

西點裡能夠打動我這顆「中國胃」的，有個質感比較粗糙的點心，倒是獨得我的青睞——司康。司康在中國被解釋為快速麵包，可能是因為它的做法和麵包類似，而發酵程度又不夠。司康餅的配方包括糖、奶油、麵粉、全蛋液、牛奶和果乾。首先將糖、軟化的奶油和過篩的麵粉混合，用手搓至奶油與麵粉完全混合均勻，接著在麵粉裡加入全蛋液、牛奶，揉成麵糰，倒入果乾，輕揉三十秒。麵糰不要過度揉捏，以免麵筋生成過多而影響成品的口感。然後用擀麵棍把麵糰擀成一點五公分厚的麵片，在麵片上用切模切出麵片。最後將切好的麵片排入烤盤，在表面刷一層全蛋液，放入預熱好兩百度的烤箱，烤十五分鐘左右，至表面金黃色即可。配合下午茶，常見的司康是玫瑰味或蔓越莓味的。相較於其他花哨的甜點，純手工製作的司康餅，更容易帶給人感動的味道，搭配店家自製的茶醬與奶油，淳樸英式鄉村風情撲面而來。

除此以外，還有一個，我也喜歡，雖然很嬌媚，最重要的是它的口味有難以比擬的「空氣感」。對，就是這個詞——慕斯的空氣感。慕斯的英文是mousse，是一種奶凍式的甜點，可以直接吃或做蛋糕夾層。通常是加入鮮奶油與凝固劑來製成濃稠凍狀的效果，是用明膠凝結乳酪及鮮奶油而成，不必烘烤即可食用。為現今高級蛋糕的代表，而它的發明其實是個無心之舉。最初糕點師是希望使奶油穩定同時口感更為豐富，所以使用了這個辦法，結果配角搶了主角的戲，慕斯顯得更加精緻、時尚，相對其他西點來說也較為自然健康，所以變成了一個獨立的品類。

除了要用好慕斯綿密的空氣感，還能如何讓它和中式情懷掛上鉤呢？茶也許是個很好的選擇，一方面是典型的中國元素，一方面還會使口感不那麼甜，再者，味覺層次也會非常豐富。這樣一款點心，即使不是在專業廚房，在家裡也可以做成。直接用慕斯粉就好，比如荷蘭貝克馬克的慕斯粉。

福鼎白茶慕斯（蛋、奶）

主料：慕斯粉、福鼎白茶茶粉

輔料：鮮奶油

調料：水

做法：

1. 鮮奶油用打蛋器打至綿滑鬆軟。
2. 慕斯粉用沸水化開，加鮮奶油。
3. 加入白茶粉攪勻。
4. 選擇自己喜歡的糕點模具，倒入後放入冰箱，凝固後取出脫模即可食用。

貳 蔬食尋源

雞蛋

燻著吃，味更濃

吃素有幾種不同的類別：首先是嚴格純素；其次是乳酪素，可以吃乳製品；第三是蛋素，就是可以吃雞蛋；還有就是吃肉邊菜*。我們的蔬食空間提倡自然素食，即不使用肉類食材，但使用蔥、蒜、蛋、奶等，同時遵循自然規律，不使用基因改造食品。

到了立夏這一天，我們推出了滷雞蛋。立夏為什麼要吃蛋呢？老人們常說，雞蛋溜圓，象徵生活圓滿，立夏吃雞蛋能祈禱夏日平安。這風俗體現了老祖宗的苦心。而立夏吃蛋的本質原因是立夏吃蛋能預防暑天常見的食欲缺乏、身倦肢軟、消瘦等苦夏症狀。

中醫認為，雞蛋性平、補氣虛，有安神養心的功能，生病吃雞蛋可以幫助人恢復體力。

並且雞蛋不傷脾胃，一般人都適合，所以哪怕是有高血壓等慢性病的人，立夏適量吃雞蛋也是有益健康的。

雞蛋如今已不算稀罕的東西，炒著吃、煎著吃、煮著吃都不稀奇。我們決定將雞蛋和茶葉結合起來，但不是茶葉蛋，而是燻滷蛋。用茶葉煙氣燻過的滷雞蛋，味道層次豐富，令人眼前一亮，胃口大開，還可以帶到辦公室與大家分享，一推出就受到歡迎。立夏那天，甚至有客人專門為這燻滷蛋前來餐廳。

＊肉邊菜：比如一般居士及健康素食者，上班會與同事共同進餐，有肉有菜，善巧方便只吃菜而已。

燻滷蛋（蔥、蒜、蛋、奶）

主料：雞蛋

輔料：鐵觀音茶、各種蔬菜（家裡炒菜的邊角料即可）

調料：蔥段、香葉、薑片、桂皮、八角、鹽、白糖

做法：

1. 先將雞蛋洗淨，帶殼蒸熟。
2. 用各種香料以及蔬菜熬製，即成滷水。
3. 蒸熟的雞蛋去殼，放入滷水中加鹽再煮十五分鐘，以便入味、上色。
4. 炒鍋內放鐵觀音茶葉及白糖，小火翻炒，直至起煙。
5. 將雞蛋放在箅子（一種有洞眼、用以隔物的器具）上置於鍋內，小火燻製，十分鐘後關火不揭蓋。
6. 放涼即可食用。

口蘑

你到底從哪裡來？

這幾年的蔬食研究，糾正了我認知上的兩個誤區：一個關乎食物，另一個和食物無關。關乎食物的是，口蘑是內蒙古的特產，而不是張家口的蘑菇。無關食物的是，張家口的「口」不是山西走西口的那個「口」。

口蘑之所以叫作口蘑，確實和張家口有關，但並非張家口所產，而是內蒙古所產，但是進入內地市場，是以張家口為重要的清理、加工、包裝集散地，所以就被稱為「口蘑」。口蘑的主要產地在錫林郭勒盟的東烏旗、西烏旗和阿巴嘎旗，呼倫貝爾，通遼等草原地區，這些地區的地理特徵比較相像，都是腐殖質厚密的土壤，畜牧業發達，牛糞、羊糞等為口蘑生長提供重要的基質和養分。口蘑味道鮮美，口感細膩軟滑，菌香也比較濃郁，又不像其他蘑菇特別容易腐壞，因此確實是非常理想的素食料理食材。

據說美國人很喜歡白蘑菇，是因為白蘑菇中含有大量的維生素D。早年美國《洛杉磯時報》報導稱，研究發現，白蘑菇是唯一一種能提供維生素D的蔬菜，當白蘑菇受到紫外線照射的時候，就會產生維生素D，能有效預防骨質疏鬆症。這白蘑菇就是中國人所說的口蘑。但是我在洛杉磯的時候，這一說法並沒有得到有效的驗證。但當地人確實是比較喜歡菌類的，尤其是義大利餐館，喜歡拌有菌類的意面，然而大多是草菇，口蘑基本看不到。馬口鐵罐的口蘑罐頭倒是非常常見。

口蘑滿足了我對蘑菇的一切想像——緊密結實的菌蓋，又不會張開，短短的可愛的菌柄、潔白的色彩、清新的香氣、細密的質感……這和小時候看圖畫書得到的印象完全一致，這不就是蘑菇最為典型的代表嗎？

口蘑有很多種吃法，在冬天最好的就是來一碗番茄鮮口蘑燙飯。誘人食欲的紅色番茄濃湯裡，有碧綠的菠菜梗，點睛的還是口蘑。那種特殊的香氣，說不出來，然而不可或缺，滾燙地澆在一球煮得晶瑩剔透的火山岩石板大米上，再撒點香菜葉，拌開的過程中香氣升騰，餐桌旁每個人臉上都洋溢著笑容。

我大學學的是明清商業史，研究晉商。山西商人的足跡曾經在明清時期達到今日都不可能輕易抵達之處，我們山西人經常說的「走西口」，我一直以為是由太原北上，經過大同，穿過張家口而進入內蒙古。後來才發現，這個「口」，更多的應該是指山西朔州市右玉縣的殺虎口。走出這個西口，就到了昔日由山西人包攬、經商天下的歸化與綏遠（統稱歸綏）、庫倫、多倫、烏裡雅蘇台、科布多以及新疆等地。以顏料、茶葉等貨物起家的晉商，不知道漫漫駝隊當中，歸家的時候是否會捎回潔白的口蘑，寄託羈旅的思念？

● 口蘑

● 香菇

● 鳳尾菇

● 杏鮑菇

番茄鮮口蘑燙飯（蔥、蒜）

主料：番茄、鮮口蘑、煮好的米飯

輔料：菠菜、炸米

調料：植物油、鹽、香菜葉、八角、蔥花、薑末

做法：

1. 番茄切小塊，鮮口蘑切片，菠菜洗淨只留梗，切成小段。
2. 鍋中水燒開，焯燙菠菜梗，下鍋即刻撈出。
3. 鍋中倒淨水加植物油，爆香蔥花、薑末、八角，然後翻炒番茄塊、口蘑片。
4. 直接倒入熱水，加鹽，熬成紅濃的番茄濃湯，加入菠菜梗。
5. 碗中放入一小球煮好的白米飯，撒上一小碟炸米。
6. 倒入番茄濃湯，加上香菜葉，略燙後攪拌即可。

口蘑｜內蒙古

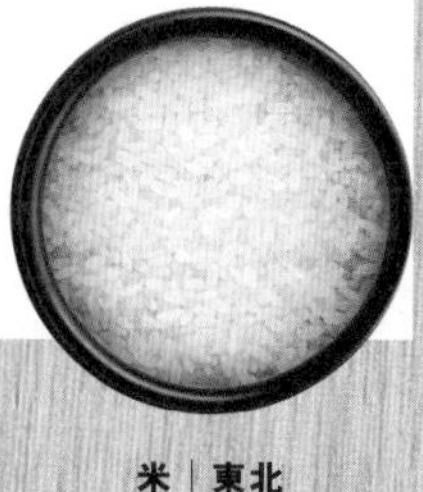

米｜東北

白米飯

找尋一碗獨家記憶

「棣Dee蔬食．茶空間」很重要的一個創設理念就是自然本真。找到順應大自然規律的食材，而且必須安全健康。除了蔬菜、蕈菇，我們也很看重米麵、糧油、鹽，甚至是水的品質，而這些都是生活中最基本的能量。

在泰國、日本時，我看到當地人對米的重視與熱愛，縱然不斷地跟自己說，那是一種推廣，然而仍然被他們對農產品的真情所感動。中國是一個農業大國，可是這些年，我們似乎離自然的農產品越來越遠了。

不是唯中國的米為好，我吃過泰國的香米，香則香矣，可是總覺得那種香味不是穀物正常的香氣；日本的越光米，可以做出口感很好的飯團，可是對於我的「中國胃」來說，口感太黏了，沒有稻米的爽利。我小時候吃過海南的山嵐稻、江西的血糯米，都是好吃得不得了，就是在山西，一個麵食的王國，晉祠居然也產非常棒的寒泉稻！

可是今天，想吃到一碗米香濃郁的白米飯，居然都不是件容易的事。我走了很多地方，也試過很多品種的米，沒有找到口感適宜的米。正在此時，我的好朋友、花道老師剛子跟我說：「我們老家的米很好呀，而且是長在火山岩上的，你可以試試。」

- 火山岩石板貢米：火山岩石板貢米是世界上獨特的「堰塞湖石板稻米」，煮熟後米粒青如玉、晶瑩剔透，口感柔而不黏，質地適中，並且具有冷卻後不回生的特點。
- 糙米：糙米是指除了外殼之外都保留的全穀粒。即含有皮層、糊粉層和胚芽的米。由於口感較粗，質地緊密，煮起來也比較費時，但是糙米的營養價值比白米高。
- 普通米：60~70%的維生素、礦物質和大量必需氨基酸都聚積在外層組織中，而我們平時吃的米雖然潔白細膩，但外層組織中的營養價值已經在加工過程中有所損失，而在糙米中有火山岩上的米？我頓時來了興趣。委託剛子找了幾個樣品，和其他產地的幾種米做盲品試吃。得票最多的那碗米飯，比對了編號，就是剛子老家的火山岩石板米。

火山岩石板貢米之所以這麼好吃，離不開它獨特的生長環境。第一是它生長的土壤是休眠火山的風化土，火山灰與有機質相混合的肥沃土壤，為稻米的生長提供了大量的礦物質和微量元素。而火山噴發堰塞河道，山泉彙集形成了高山堰塞湖——鏡泊湖，為稻米灌溉提供了純淨的湖水，這是第二個條件。第三是東北晝夜溫差大，水稻生長緩慢，生長期長達

很多保留。

● 泰國香米：原產於泰國的長粒型米，是秈米的一種。所以，真正的泰國香米，米粒應為細長形，整顆米粒的長度不小於零點七公分，寬度不低於零點三公分。

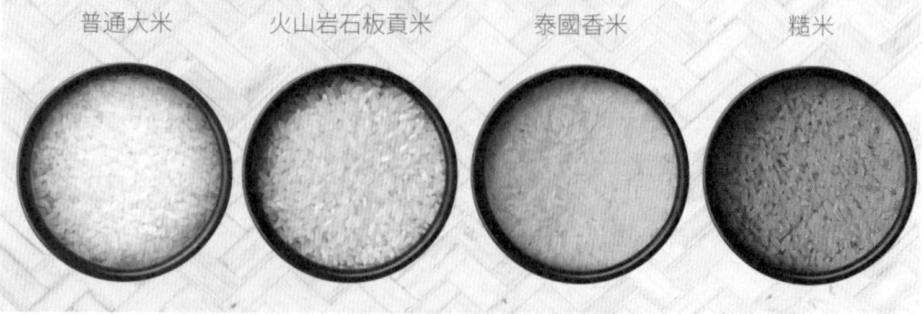

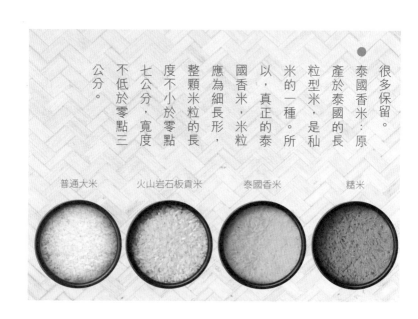

一百三十五天以上，一年只能一熟，自然累積了很多營養物質。

煮好的火山岩石板貢米黏性合適，天然的米香在煮的時候就很濃郁，盛在碗裡也持久不散，放在嘴裡細細咀嚼，稻米的甜慢慢浮現，如油似乳含漿，非常味美。

有時候，我也吃糙米。看我吃得很開心的樣子，我的一個朋友說他也嘗嘗，吃了一口，悲憤地看著我，「這麼刺嗓子的東西，你怎麼嚥下去的？」然而並沒有那麼誇張，糙米煮成的米飯，顏色微黃，黏性較低，雖然口感稍差，但伴著黃咖哩汁，依然非常好吃，不妨試一試。

蘑菇

掛糊的溫度

中國菜技法之一的「掛糊」中的蛋清糊類的菜品，在日本的代表，叫作「天婦羅」。其實，在北京郊區的那些農家樂裡，你能完整地體會到這種「蛋清糊」的技法，只是名字土氣了些。

日本有位美食大師小山裕久，他說「日本料理是水之料理。」也就是說，考驗的是廚師在烹飪過程中對食材含水率變化的掌握，比如生魚片，切斷的方式決定了斷口的失水率，也決定了在口腔裡的質感。他認為中國料理是火之料理。我覺得雖然他抓住了中國菜注重火功的精髓，卻沒能理解兩千多年前伊尹在《本味篇》中所說的「鼎中之變，精妙微纖，口弗能言」的境界。這個變，一定是水火交融的複雜奇妙的反應，單一的火、水都是不完全的，中國料理既是火的料理，又是水的料理，還是調和的料理。

咱們說回天婦羅。現在許多東西一沾「日本」，就有檔次了，就有「匠人精神」了。我自己倒不這麼看。不說得太寬泛，就說天婦羅。好多人說你看人家日本的天婦羅大師，家裡幾代人都做天婦羅，那麵糊、那酥脆、那鮮爽……我認為說這話的人，通常都沒做過飯。

日本人總結天婦羅的那幾個要點，其實並不真的有效——就算麵糊做得盡善盡美，使用低筋的「薄力粉」；就算油鍋的溫度正正好好就是一八〇度，且使用了只炸一次的頂級油脂；就算處理好的食材含水率、溫度都精確得無與倫比，你仍然有可能炸出並不酥鬆的外殼。

為什麼？這裡面有天婦羅日餐師傅們不願示人的另外一個小秘密——單靠食材表面沾上的那點麵糊不可能炸出非常蓬鬆的效果，要獲得那樣的效果，你得動用一些「作弊」手段才行：最簡單的辦法就是用筷子、刷子，甚至手指沾一些麵糊，撒在油鍋裡面，這些麵糊很快就會凝結成蓬鬆的碎屑，不能炸黑，需要保持金黃色，這時候你要設法把這些碎屑附著於正在炸的食材身上才行。

說起來很簡單，做起來還是很不容易的——在推動它們黏在一起的時候，麵糊可能分佈得並不均勻。

但是，這仍然是個手法，而不是一次完成的技法。而真正能一次完成的技法，你在北京郊區例如懷柔那些農家樂裡就能吃到，只是名字特別土——酥炸蘑菇。

酥炸蘑（蛋、奶）

主料：蘑菇（鳳尾菇）

輔料：低筋麵粉、雞蛋

調料：植物油、鹽、五香粉、椒鹽

做法：

1. 把蘑菇撕成條，用熱水焯一下，瀝乾。
2. 雞蛋只用蛋清，加適量低筋麵粉、鹽、五香粉拌勻成糊。蘑菇條先略微沾上乾麵粉，之後掛麵糊。
3. 鍋中植物油先完全燒熱，然後轉中小火，炸蘑菇條，麵糊成型即可撈出。
4. 準備椒鹽碟即可沾食享用。

竹蓀

冰花玉絡一相逢

愛吃竹蓀（又名『竹笙』）的人，除了味道，也喜歡它細緻白潔的「蕾絲裙子」，其實就是竹蓀的菌罩，被人們戲稱為「雪裙仙子」。如果採摘的時候碰見了黃色菌罩的，那是另外一種竹蓀，有毒，萬萬吃不得。

我問四川的同事：「說起『竹蓀』，你首先會想到什麼？」

同事：「竹筍？我們經常吃啊，還去採。一下雨，長得可快了……」

「等等，我說的是竹蓀，不是竹筍，你知道嗎？那種有白色蕾絲裙子的真菌類。」

「噢，那個呀，長在死竹子上，我們看見就採起來扔了，要不然過幾天它會爛，有股臭味……」

我覺得這種談話完全偏離了我的預期，我決定還是不繼續了。

但竹蓀是四川特產啊，我應該努力發掘出它的特質，所以，過了幾天我請廚師長做了一份清燉竹蓀湯盅，再請四川同事品嘗。她嘗了一口，說：「嗯，味道挺特別的。欸，院長（我是眉州東坡管理學院的院長，他們叫習慣了），你小的時候也一定去過公共澡堂吧？和那裡的味道差不多……」

我感受到深深的挫敗感，直到看了一本法國很有名的美食家寫的日記，其中記載著他熱情地向朋友推薦黑松露，結果對方認真地給出「經年未洗的床單味道」的品鑑結論，我才釋然。

清代有一本專門講素食的書《素食說略》，書中「竹松」條目還專門說到了竹蓀——「或作竹蓀，出四川。滾水淬過，酌加鹽、料酒，以高湯煨之。清脆腴美，得未曾有。或與嫩豆腐、玉蘭片色白之菜同煨尚可，不宜夾雜別物並搭饋也。」我覺得作者薛寶辰是很懂竹蓀的。作為陝西人，他能如此瞭解四川的食材，不愧是一位博學的翰林院學士，也是一位很懂素食的美食家。

竹蓀生長在竹林，但卻不影響竹子生長，它是依靠分解死掉的竹根而存活的。竹蓀孢子依靠竹根，先生成菌絲，然後逐漸膨大扭結，最後長成一顆小圓球，稱之「竹蓀蛋」。這個蛋再長大變成桃子形，從「桃子尖」處長出菌帽，菌帽張開白色的菌罩，就可以採摘了。竹蓀破蕾開裙一般在淩晨，竹蓀蛋的蛋殼從爆開一、二公分到完全撐起來，不過兩個小時，必須做到隨開隨採。採收時，用刀把竹蓀底部切斷，取掉菌帽，只留菌柄和菌罩，用濕紗布擦乾淨或用少量清水沖洗乾淨，置於墊有可吸水草紙的竹籃裡，不可撕破弄斷。

一般人家處理竹蓀，都是曬乾，曬乾後會變成微黃帶褐，但不是深黃，一般來說十斤也就只能得二到三兩的乾燥竹蓀，可見竹蓀的珍貴。如果是工廠，都會烘乾，顏色反而比日曬的淺，柄的部分微黃，菌罩的部分淡黃，香氣比較濃郁。

我們做餐飲的，能夠在應季得到鮮竹蓀，平常百姓基本都是在超市買的乾竹蓀。用溫水加鹽浸泡，泡軟即可洗淨，之後再用溫水泡至全發，一般需要兩、三個小時。如果長時間煲湯，竹蓀都是最後放，大火燒開五、六分鐘就可以了，時間一長，鮮味反而散失，失掉了「草八珍」的妙處。

松茸

歲時大賞

松茸需要附著松樹、杉樹等生長，菌根從樹木本身光合作用產生的糖類物質中吸收營養，目前無法實現人工栽培。這也恰恰也是它的誘人之處——完全野生，凝結了自然的精華，不受人力的干擾和安排，應該受到食客的格外尊重。

「有味使其出，無味使其入」，這是中國人處理食材的一種思維模式，我一直非常欣賞這句話——簡單而直指本質。松茸是味道非常濃郁的蔬食，當然，它的製作方式就比較簡單。簡單不代表容易，但凡化繁為簡，都需要深厚功力。要想做一份好的松茸飲食，首先你必須要有好的食材。

我和廚師長去菜市場的時候，往往會比較糾結。松茸這樣的好食材，往往在每年七月才出產，到九月份基本也就走下坡了。尤其是松茸的菌蓋不能展開，一旦展開，香氣韻味下滑得非常厲害，這種限定確實是一件麻煩事。它的出產期太短，對餐廳是個影響。但是誰能抗拒松茸的誘惑？這麼好的食材，不用太可惜了！幸而，市面上出現了急凍產品，即在產地採摘後馬上清洗、水煮，然後低溫速凍，一般都可以保質一年以上。可是這樣的松茸，香氣已經差了很多，入口總覺得遺憾。

幾經輾轉，我和廚師長終於找到一位雲南巍山的大姐，她在北京做菌類生意多年，她有一種急凍松茸，是在原產地連表層泥土一起急凍。這種急凍松茸，外皮黃色，但裡面還是乳白色，聞起來香氣

〔松茸〕

不錯。從品相上看，蟲洞也相對較少。

廚師長用這種急凍松茸試驗了香燒松茸。香燒松茸需要松茸切片拉油，再入鍋炒。我注意到一個細節，在拉油的時候，松茸切片沒有皺縮，色澤也沒有太大變化。這些都說明，用此種方法急凍處理的松茸品質是非常好的。等到松茸吊水出清湯，嗯，香氣非常濃郁，確實很理想。

找到了比較合適的食材，我和廚師長都很高興。不過，雲南松茸比較容易腐爛，接下來的問題是如何預估每日的準備量，不讓食材過夜，這又讓我們頭痛了好一陣子。

松茸

我個人比較喜歡雲南松茸。吉林也產松茸，但是香氣不高，產量更不穩定；西藏林芝等地也產松茸，是青岡變種，品質不錯，但是運輸和保存都有些問題。雲南香格里拉、大理、楚雄都產松茸，目前來看產業已經趨向於成熟。

市面上真正的松茸比較少，有一種姬松茸，也叫巴西蘑菇，形狀和松茸類似，香氣也很好，可是和松茸完全不是一個味道。吃起來，松茸滋潤而且有韌性，卻又很容易咀嚼；而姬松茸偏細，香氣偏杏仁般味道，口感脆嫩。

煎鮮松茸（全素）

主料： 新鮮松茸（香格里拉的最好）

輔料： 芝麻油

調料： 橄欖油、岩鹽、黑胡椒粒

做法：

1. 松茸不要用水洗滌，而是使用乾淨的濕紙巾擦去表面泥沙，儘量保留表面黏液。
2. 松茸豎切片，不要切太薄，厚約零點四公分。
3. 平底鍋裡先用小火加熱橄欖油，再調入一～兩勺的芝麻油。
4. 放入松茸，煎至兩面金黃。
5. 撒少許岩鹽和胡椒碎即可。

松茸｜雲南

岩鹽｜巴基斯坦

黑松露

中國人這樣對付它

雲南是菌子的故鄉，種類多得不得了，好吃的菌子也多得不得了。我基本上都很喜歡，從雞樅菌到乾巴菌，牛肝菌裡從見手青到黑牛肝、黄牛肝、紅牛肝，無論哪一樣都鮮美到令人覺得幸福。最名貴的應該還是松茸，不過產量最稀少的應該是黑松露。

一提松露，最知名的還是法國松露，這和法國料理在世界美食體系中占有一席之地有很大關係。在法國，黑松露和鵝肝醬、魚子醬並稱為三大昂貴食材。從顏色上來說，松露有黑白兩種，白松露更為稀少和貴重。白松露只在義大利和克羅埃西亞有少量出產，黑松露在義大利、西班牙、法國和中國均有出產。而中國的黑松露，只有雲南出產。

但是大凡好吃而又稀少的東西，評價都會兩極化，喜歡松露氣味的人認為松露香得不得了，所以在法國，一盤菜在最後撒一點黑松露的碎屑，都被認為是高檔和美好的，更別提再滴上幾毫升白松露油了。

松露到底什麼味道呢？我覺得好似微雨打濕的叢林、古樹散發的氣息，而法國有位美食家的日記中，友人描繪它為「經年未洗的床單」散發的味道。不管什麼味道，這種味道在松林裡極具隱蔽性，因為它和樹林裡的氣息完全一致，必須依靠極為敏銳的嗅覺才能分辨。豬是嗅覺最好的家畜之一，所以法國人訓練豬來尋覓松露，並且更喜歡訓練母豬，因為母豬對於黑松露的反應更靈敏一些。

黑松露在雲南，食用方法很多，絕不像國外那麼「小氣」。昆明有一家餐館甚至推出了一系列用雲南黑松露製作的菜肴。我比較喜歡的是黑松露蒸蛋，在黃嫩的蒸蛋上排著十幾片黑松露，色澤搭配得俏皮而不張揚。

黑松露貨真價實，有兩到三個不同產地的品種，香氣上有略微的差異，能嘗到松露菌較其他菌子更為脆硬的質感。不過說實話，雲南的黑松露在香氣上還是無法和法國黑松露相媲美，差距是比較明顯的。

在我們的蔬食館裡，我們想讓它更香一點，就用黑松露來炒土雞蛋。土雞蛋的腥氣和黑松露融合，在滾油中揮發成一種特殊的香，看著簡單，味道卻大受歡迎。松露只要成熟，即使不採摘，一年之後也會自然死亡，所以，如果遇到黑松露，就請盡情享用吧。

〔 黑松露炒土雞蛋 〕

素高湯

只為這一碗堅持

我有一位擔任化學教授的好友，研究食用香精和色素。某次我去他的實驗室，他故作神秘地問我想喝什麼茶？言下之意，他那兒的茶葉品種很豐富。我故意刁難他，說想喝鐵羅漢。

這位果真外行，撓撓頭問我：「鐵羅漢是什麼茶啊？」

我忍著笑說：「武夷岩茶之一，福建茶。」

沒想到他說：「行，知道了，等等」。不到十分鐘，茶還真來了。一個充滿茶漬的白玻璃杯，裡面倒是一杯挺通透的茶湯。一聞，嗯，挺好的鐵羅漢；一喝，怎麼這麼寡淡？香氣和茶湯不融合啊！

我狐疑地看了他一眼：「不錯，挺像的。」

他心虛地問：「你喝出來了？我這是香精和色素勾兌的。」

我說：「你這是造假啊，你還能做什麼茶？」

老兄神秘地笑了一下：「所有茶都能做。」

雖然這也是正常的食品科學的一部分，可是，我始終很難判斷，這對於食品本身來說，或者對於吃東西的人來說，究竟是進步呢，還是無可奈何的自欺欺人？

說回到湯。我曾經看到一則「雞湯」的廣告語——「優選老母雞，將美味融入湯汁，味美湯濃易吸收……」，作為一個從事食品安全的人，我第一反應就是看配料表，按含量多少排序，排名第一的是水，其次是鹽，然後是谷氨酸鈉（味精），精製雞油（含丁基羥基茴香醚、二丁基羥基甲苯），再其次是雞肉粉與一系列化學名稱的增稠劑、增味劑等眾多的添加劑。如此成分的濃湯卻宣揚是媽媽熬湯的味道。我想了一下，想必他媽媽是化學老師。

這樣的湯，還是湯嗎？歸根結底，是鹽、味精還有香精。那少得可憐的雞油、雞粉一般都在配料表中排名靠後，並且沒有標示所含比例，其實還是化學的力量，才最終使得這些湯膏有了直白、濃郁的味道，但這是真的味道嗎？

真的味道，從來都是一種付出，你願意花費時間、情感來做。「膏湯」是最早的名字，那是熬製後靜置自然就凝成膏狀的精心製作，後來才演化為「高湯」。只有這樣的湯，在做菜的時候才能化平凡為神奇，才能成為一個廚師的安身立命之本。

素高湯（蛋、奶）

主料：香菇蒂、海帶、黃豆芽、胡蘿蔔、芹菜、雞蛋

輔料：大棗、甘蔗

調料：鹽

做法：

1. 香菇蒂和黃豆芽洗淨，海帶切小塊，胡蘿蔔切丁，芹菜切小段。
2. 甘蔗切小段，大棗撕開。
3. 除雞蛋外，所有主料、輔料一起冷水下鍋熬煮，大火煮開後，撒上適量鹽調味，繼續小火熬煮三小時即成清高湯。
4. 雞蛋打散倒入鍋內，熬到湯色奶白，然後過濾雜滓，即得濃高湯。

醬爆藕條

得之泰然

中國有句老話叫作「四十不惑」，而我是在踏入四十歲的時候，才覺得各種「惑」紛至沓來。到了這個年紀，有了自己的堅持和審美，如果不能掌控心境和情緒，總希望別人順著自己來，煩惱自然不斷。抱著「得之泰然，失之淡然」的心境，方能「不惑」。

蔬食空間的有些素菜，幾乎是所有食客都愛吃的，比如醬爆藕條，而食材得來也不麻煩，一年中有七、八個月，都可以買到馬踏湖的白藕。

我比較迷信「粉花蓮蓬白花藕」，開白花的荷花藕是最好的。馬踏湖的荷花都是白色花，藕切開有九個較大的圓孔，以中央圓孔為圓心，另八個圓孔周圍均勻排列。成熟的藕質地細膩，圓潤渾如羊脂白玉，生食甜脆爽口，熟食絕無渣滓。一切都符合我對藕的最高要求。其實這個藕本身也是很有名的，曾經也被拿來招待外賓。可惜後來沉寂了，倒是便宜了我，大有「得來全不費工夫」的泰然。

中國有句老話叫作「四十不惑」，我卻覺得很難。而且恰恰是在踏入四十歲的年月，我才覺得各種「惑」紛至沓來——工作上的壓力，掌管幾個不同性質的工作單位；個人學識的陳舊，需要不斷學習吸納新的知識；家庭的未來——戶口遷移、孩子上學、父母健康，等等。無數的困惑和無明，也就意味著無數的煩惱。

但是和三十多歲的時候相比，我又有了自己的喜好、審美和堅持。比如回了家，一看邊角不乾淨，櫃門沒有關，孩子的物件東一件西一件，我就非常煩躁。

後來有一天突然明白了，這個煩惱的根源是什麼呢？是希望別人一定要按照自己的喜好來。雖然是親密的家人，可還是會有自己的想法和行為習慣，完全一致是不現實的。家，也是一個公共場所呢，因為不是一個人在生活，所以應該更多一些寬容。這樣一想，果真沒那麼多煩惱。

四十不惑的意思，也許不是到了四十歲就大徹大悟了，而是能夠適當管控自己的心境，不陷於煩惱，致力於解決問題。從另一方面來說，你開始反思自己可以為家庭做些什麼，而不再執著於自己幹得多別人幹得少。

時間一晃而過，我也到了四十，學著藕的那份「得之泰然，失之淡然」，繼續努力，便也離「不惑」不遠了。

普通蓮藕

馬踏湖白藕

醬爆藕條（全素）

主料：馬踏湖白藕

輔料：葵花籽油（花生油太香，容易干擾藕的清氣）

調料：五年陳釀醬油

做法：

1. 白藕洗淨刮皮。
2. 切成長四~五公分的細條。
3. 熱鍋涼油至微起青煙（油要適當多一點）。
4. 下入藕條翻炒，直至表面微微變色，略微發黏（藕中的澱粉在表麵糊化）。
5. 倒入醬油快速翻炒，上色均勻後即可出鍋。

白藕｜馬踏湖

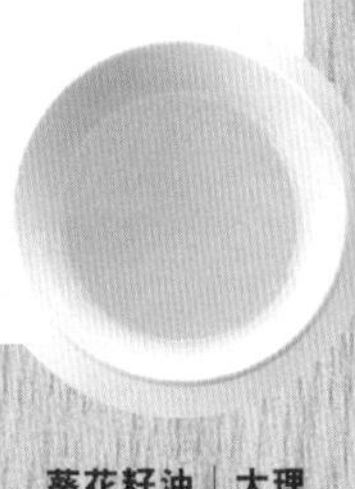

葵花籽油｜大理

注意：烹製時全程火力要猛，翻炒要快。

馬踏湖白藕

馬踏湖是山東省淄博市桓台縣東北部的一個湖泊，這一帶地勢低窪，從博山一帶蜿蜒流來的孝婦河、烏河、豬龍河在這裡匯流，形成了一片天然水域。傳說，春秋戰國時期，齊桓公稱霸之後，在馬踏湖附近會盟各國諸侯，眾諸侯唯恐落入圈套而率大軍蜂擁而至，大批戰馬將這裡踏成湖，所以稱作「馬踏湖」。

昆布

鎖住大海的柔軟

以前有個笑話，說有個人，人窮志不窮，說話不輸嘴。有一次別人問他午飯吃什麼，他回答說吃海鮮，別人一聽很奇怪，怎麼他今天發財了，吃海鮮？結果往碗裡一看，吃的是涼拌海帶絲。這話也沒錯，海帶確實是海裡產的，而且還挺鮮。

海帶中有一個品種叫昆布，很多時候光看料理，海帶和昆布是很難分得清的。但是從植物學的角度來說，它們有關係，是「堂兄弟」，但又不是一回事。一般所說的海帶是海帶科海帶屬的，而昆布是翅藻科昆布屬的。但話又說回來，其實它們廣義上都是海帶目，加上中國人不怎麼分得清海藻，所以你願意叫昆布為海帶也可以，但是海帶可不一定是昆布。

中國人對昆布的瞭解在古代其實是很豐富的，唐朝孫思邈所著《備急千金要方》一書中就有「昆布丸」的方子。而比之更早的一本《吳普本草》已經將昆布的性味歸經說得很詳細了。中國很多食材之所以能夠流傳到現在，大都是因為好吃，而不是因為健康。就連代表了中國傳統文化之一的茶都是這樣的。比如，我點茶（類似日本抹茶，中國宋朝盛行）的水準還不錯，可是點出來的茶我自己都不喜歡喝——太苦了啊，不能和當今順滑的茶湯相比。

現在基本上已經很少用昆布入藥了，做菜倒還是挺多的，在追求美味的基礎上，更看重它的功效。記得小時候，得大脖子病的人挺多的，就是缺碘導致的甲狀腺腫大，所以流行過一段時間碘鹽。而我家的做法就是餐桌上經常出現海帶、昆布、鹿角菜（也是一種海藻）。萬幸的是，我一直都沒吃到厭煩。

不止中國，韓國人也十分重視食療。韓國產婦並不像中國產婦那樣大吃雞蛋、雞湯等高蛋白、高熱量的食物去補養，反而把中國人認為性偏寒涼的海帶視為滋補聖品，常常一吃就是三、四個月。她們認為，海帶熱量較低，膠質和礦物質卻很豐富，其所含的可溶性膳食纖維，比一般的膳食纖維更容易消化吸收，吃後不用擔心發胖，對產後瘦身頗有幫助。海帶有清除血脂的作用，因而是一種有助減肥的健康食品，能讓產後的媽媽們身姿輕盈。海帶不但能補充營養，易於吸收，而且有助產婦通乳下乳，實在是一舉多得。所以，韓國的產婦飯桌上最常見的就是涼拌海帶絲和海帶湯，據說很快就能去掉贅肉，恢復昔日的曼妙身材。

海帶湯和涼拌海帶絲一般都比較清淡，想要吃到味道濃郁的海帶類素菜，用滷水滷製是個不錯的辦法。這個時候選用昆布，味道和口感會好很多，因為它的質感要比大部分的海帶柔軟滑嫩。

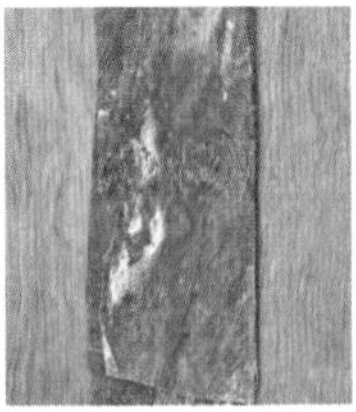
● 昆布

● 海帶

● 紫菜

● 裙帶菜

滷昆布配白靈（蔥、蒜）

主料：昆布

輔料：白靈菇

調料：薑、蒜、香葉、草果、八角、桂皮、鹽、紅辣椒、醋、醬油、白糖

做法：

1. 昆布洗淨泡發，切成長方塊。
2. 白靈菇洗淨切片。
3. 將昆布塊、白靈菇片和醬油、薑、蒜、香葉、草果、八角、桂皮、鹽、紅辣椒放入鍋中加水一起燒滷，大火燒開後，加一小勺白糖和醋，小火繼續煮一小時。
4. 關火後放至溫度適口，裝盤即可。

昆布｜日本

白靈菇｜人工栽培

食客

昆布還真是「海裡的鮮味」。天然的昆布上面有一層白霜，千萬不要用水沖洗，如果有污漬可用乾淨的布擦拭，只需水泡發一夜，味道就極其鮮美。每次都要為喝到的朋友解釋昆布和海帶的差別，其實以後可以更名「海鮮湯」了。

——湯玉嬌（三十歲放棄百萬年薪轉行廚娘，每天花五小時給家人做飯，於料理食物中學會料理人生的美食達人）

水煮宮廷蠶豆

一層層了悟

北方人總覺得鮮蠶豆有股怪味，要吃只吃「蘭花豆」。蘭花豆就是炸過的乾蠶豆，把蠶豆用小刀割一個口，炸的時候外皮受熱，向外張開，像蘭花花瓣一樣，所以叫「蘭花豆」，也有通俗一點的，就叫「開花豆」。另外，浙江奉化溪口有個特殊品種，叫作「拇指蠶豆」，個頭是一般蠶豆的兩倍大，大如拇指，當年是作過貢品的。

任何食材其實都有它的優勢和劣勢，蠶豆也不例外。傳統醫學認為，蠶豆能益氣健脾、利濕消腫，現代人普遍濕氣重，吃蠶豆非常有益，但是中焦虛寒者不宜多食，不少人也會產生蠶豆過敏的現象。烹飪蠶豆要配伍溫性的食材，也可以多次烹飪，加熱至全熟的蠶豆，過敏因數會減少很多。蔬食空間的招牌菜之一「水煮宮廷蠶豆」在這個原則下應運而生了。

為了抑制蠶豆的味道，我們首先想到的是如何讓蠶豆和多種香料結合起來，滷製是最好的辦法了。滷好的蠶豆，口感綿軟，粉質感很突出，而各種香料的味道濃郁，味道也比較豐富。但是好像還欠缺點什麼。對，欠缺一些層次感——那種味覺的遞進、疊加、組合、回味，難以描述的食物味覺美感。

怎麼辦？來個刺激的。廚師長想到了川菜中的水煮技法。川菜早期的水煮技法確實是用水去煮食材的，不像我們的水煮魚，那就是一盆油啊。但我倒覺得這並不矛盾，用油去代替水實際上是對「水煮」的深化理解。

〖水煮宮廷蠶豆〗

水煮乃由涼到熱，文火慢燉，蒸熟煮透，由近及遠，由淺入深，才是它的真諦。如果水煮的介質由水換成油，這種細緻入微的水火之變，在食物的盛器內還會繼續進行，不斷深入，加上油脂分解本身的香氣，和油中萃取的香料的香氣，那將是一場美妙的複合反應。不論食客還是化學家都會為之興奮。如果你覺得它油膩，那是肯定的，這麼一來肯定會比真正用水煮要油膩。但是一餐飯是個平衡的飲食結構，而不應該只針對單道菜來判斷攝入的熱量。

推出宮廷水煮蠶豆的時節，正好是初冬，每餐飯都有好多次濃郁的香氣從面前飄過，食客們聽著刺啦刺啦的響聲，那興奮的期待，那入口的陶醉，讓我覺得很是饜足。

桃花膠

且帶三分喜氣

說到桃花，人們常說它「豔而不莊」，是比較輕浮的花，不如梅花、荷花端莊。然而，中國人又格外看重桃木。一種植物，花、枝評價並不相同，這也是很少見的。其實，桃樹還產另一種東西，就是桃膠。

桃膠是桃樹自然分泌的樹脂，但是並沒有被叫作「桃脂」，大概這個得名來源於漢朝陶弘景的《本草經集注》，其中提到桃樹，說「其膠，煉之，主保中不饑，忍風寒」。到了明朝，《本草綱目》則明確地指出了桃膠「煉之」的方法：「桃茂盛時，以刀割樹皮，久則膠溢出，採收，以桑灰湯浸過曝乾用。」意思是桃樹茂盛時，用刀割樹皮，時間長了則桃膠自然溢出。採收下來用桑灰湯浸泡，曬乾後用。如服食，應當按本方製煉，效果才妙。

桃膠的樣子其實很漂亮，如同琥珀，是半透明的金褐色，煮好後只有一點點的苦味，桃膠入膀胱經和大腸經，一般都用作飲品。桃膠還有一個文藝氣息的名字——桃花淚，讓我不由想起《詩經》裡的《國風．周南．桃夭》這首詩歌：

桃之夭夭，灼灼其華。之子于歸，宜其室家。

桃之夭夭，有蕡其實。之子于歸，宜其家室。

桃之夭夭，其葉蓁蓁。之子于歸，宜其家人。

整篇詩歌朗朗上口，讀起來自帶三分喜氣——在那春光明媚、桃花盛開的時候，有位美麗的姑娘出嫁，詩人以桃花起興，為新娘唱了一首讚歌。如果桃花真有淚，那也是喜悅的淚啊。

桃膠什果優格（蛋、奶）

主料：桃膠、原味優格

輔料：蘋果、覆盆子、梨（各色水果均可）

調料：蜂蜜

做法

1. 將桃膠放入清水中浸泡十二小時左右，直至軟漲（體積約能漲大十倍）。
2. 仔細將泡軟的桃膠表面的黑色雜質去除，用清水反覆清洗後，掰成均勻的小塊。
3. 將桃膠和水放入鍋中，大火煮開後改小火繼續煮三十分鐘，瀝水放涼備用。
4. 各色水果切丁，加入原味優格和桃膠拌均勻，表層淋上蜂蜜即可食用。

馬鈴薯

樸素的世界先生

讀書的時候，放假期間愛去山西各地同學家「流竄」，偶爾和同學去小飯館打個牙祭。若是要菜單，老闆娘就會手叉著腰走來：「啥是菜單啊？我們只有一個菜。」啥菜？山西大燴菜，主料除了豬肉，另一個主角就是馬鈴薯，輔料一般是大白菜、粉條、豆腐之類，用醬油慢慢燒入味，很是好吃。

山西人把馬鈴薯叫作山藥蛋。以前文學流派曾經有個「山藥蛋派」，那個時期的我，也曾經一邊手捧趙樹理的小說，一邊指揮同學偷挖小樹林裡不知誰家的山藥蛋。然後就地挖個坑，將山藥蛋一股腦兒倒進去，再蓋上一層土，蓋上樹枝，在上面點火，吊著腰子形的行軍飯盒，煮著自帶的飯菜。等飯菜煮到可以吃的溫度，山藥蛋也好了。刨出來，在手裡滾來滾去地剝，這也是最熱鬧、最受大家關注的時刻。

現在雖然物資很豐富，但我也沒吃膩馬鈴薯，反而越吃越有心得。家裡常做的是馬鈴薯沙拉，蒸鍋裡放幾個馬鈴薯、胡蘿蔔，蒸熟後用勺子壓成泥。雞蛋煮熟，切成丁，再切點蘋果丁，加點橄欖油和鹽，一起拌著吃。西藏有種馬鈴薯叫白瑪馬鈴薯，翻砂（跟砂糖一起炒，裹上糖衣）很好，和其他食材一起燒燉，特別適合。大理的馬鈴薯適合短時間焗烤，質感恰好處於麵和脆之間。

全世界的餐飲體系裡面，都少不了馬鈴薯。記得有一年和西班牙米其林三星餐廳的主廚交流，他做了兩道菜，其中一道是馬鈴薯餅，另外一道也是馬鈴薯餅。只不過，一道是傳統平底煎鍋做的，一道使用了分子料理的技法進行創新。

二〇一五年，泰國詩琳通公主六十大壽，我去為公主宴會泡茶，也嘗了一些皇室推薦的泰國料理餐廳，對一道咖哩海蟹印象很深，後來不吃肉了，蔬食空間的廚師長正好做了一道咖哩大理馬鈴薯，我特別喜歡，這味道絕對是咖哩控和馬鈴薯控的真愛。

咖哩馬鈴薯鮮口蘑（全素）

主料：馬鈴薯

輔料：鮮口蘑

調料：植物油、黃咖哩粉、椰漿、黑胡椒粒

做法：

1. 馬鈴薯去皮切滾刀塊；口蘑切片。
2. 油鍋燒熱，加入馬鈴薯塊煎炸至表面微焦。
3. 另起鍋熱油，下入黃咖哩粉翻炒，接著加入馬鈴薯塊翻炒幾分鐘，加入口蘑片，再加水燜煮至軟。
4. 加椰漿再燒幾分鐘，收至湯汁稠濃即可。
5. 也可加一些黑胡椒粒，增加味道的層次感。

黃咖哩粉｜泰國

馬鈴薯｜大理

口蘑｜內蒙古

松花蛋

你不懂的優雅

中國人的吃，高明之處不在於原材料的貴重，而是在於吃得富有詩意。清代詩人袁枚，每逢去某家吃飯，吃到一道好菜，回家後一定派家廚拜那家廚師為師。這樣堅持了四十年，搜集到許多絕妙的烹飪方法，加上他自己的重新理解總結，這才有了《隨園食單》。

作為一個著名詩人和文學家，袁枚不僅僅講究飲食，還醉心於烹飪藝術。更具美食精神的是，他將中國古代烹飪經驗和當時廚師的實踐心得相結合，並且上升為理論。這個高度就是中國的「道」，在味方面的「道」。

中國古人從不輕易言「道」，一旦提及，定是關乎天地大勢的規律，我們的書法、武術都沒有得到這個字，但是古人卻將「道」給了味。所以，中餐之所以呈現精彩絕倫的結果，那是因為它站在「道」的出發點上，這也是一個會吃的人吃飯和一個暴發戶吃飯的本質區別。

中國人論「味之道」，從不生硬，而是充滿了詩意。《隨園食單》裡有一段《疑似須知》：

「味要濃厚，不可油膩；味要清鮮，不可淡薄。此疑似之間，差之毫釐，失之千里。濃厚者，取精多而糟粕去之謂也；若徒貪肥膩，不如專食豬油矣。清鮮者，真味出而俗塵無之謂也。若徒貪淡薄，則不如飲水矣。」

這番理論不僅道理講得很明確，而且「真味出俗忌疑似，濃厚清鮮兩相宜」，明顯就是詩啊。

即便市井俗人，做不到袁枚這般高妙大論，但在食材取名上也盡可能文雅，比如豆芽菜稱作「銀芽」，豆腐叫作「白玉」，筍片稱為「玉蘭片」，蛋白糊美稱為「芙蓉」等等。並不是矯情，而是中國菜「味之道」在民間的一個通俗意象。

同樣擁有優雅名字的食材，我很喜歡「松花蛋」（又稱『皮蛋』）。一聽見「松花」這兩個字，腦子裡便浮現「饑食松花渴飲泉，偶從山後到山前」「雨濕松陰涼，風落松花細」這樣的優美，再不抵，也是「山中何事？松花釀酒，春水煎茶」的雅事。

松花蛋要想做到真的有「松花」，並不是件容易的事。松花蛋上那形似松柏之姿的白色花紋，其實是一場複雜的化學反應。蛋白質在放置的過程裡會分解成氨基酸，包裹松花蛋的泥巴裡被人為加入了一些鹼性物質，例如石灰、碳酸鉀、碳酸鈉等，它們會穿過蛋殼上肉眼看不見的細孔，與氨基酸化合，生成氨基酸鹽。這些氨基酸鹽不溶於蛋白，於是就以一定幾何形狀的結晶表現出來，才形成漂亮的松花。

現今科學製作的松花蛋，鉛含量控制在標準值以內，尤其是愛抽菸的男士，咽喉疼的時候吃幾顆松花蛋，嗓子會舒服很多呢。

燒椒松花蛋（蛋、奶）

主料：松花蛋

輔料：青尖椒、紅尖椒

調料：芝麻油、醋、醬油、薑末

做法：

1. 先將青尖椒、紅尖椒洗乾淨，直接放到灶火（瓦斯爐也可，操作應注意安全）上燒，注意翻動，直到表皮全部變黑，辣椒變軟。
2. 把辣椒的黑皮去掉，辣椒切成細長條絲；最好是用手撕，手撕的味道總會好一些。
3. 加入適量的芝麻油、醋、醬油拌勻，打底。
4. 把松花蛋一切二，這樣可以保持松花蛋的漂亮風姿，擺在燒椒絲上，在松花蛋中心點一點薑末和醋即可。

苦筍

與美文配，同古風存

每年五、六月份，洪雅的苦筍就大量上市了。苦筍，顧名思義是苦竹的幼莖。很早以前，青衣江兩岸苦筍產量之豐盛，價格之便宜，到了隨處可品嘗而「不論錢」的境地。時至今日，苦筍則很金貴了，甚至細嫩一些的，有錢你也不一定吃得到。

早在九百多年前，「寧可食無肉，不可居無竹」的宋代文豪、眉山人蘇東坡，在遠離家鄉多年後，仍念念不忘母親河裡細嫩的雅魚，以及兩岸滿山遍野鮮美的苦筍。蘇東坡詩中寫出膾炙人口的詩句：「遙憶青衣江畔路，白魚紫筍不論錢」。白魚乃青衣江特產之雅魚，紫筍就是洪雅一帶產的苦筍，因筍殼呈棕紫色而得名。

我工作的川菜餐飲集團，最喜歡發掘四川食材特有的味道，沾這個光，我看到了苦筍的生長地，也嘗到了各種做法的苦筍。苦筍的味道，一個字，苦；兩個字，真苦；三個字，苦裡鮮；四個字，回味無比。第一口確實很苦，比苦瓜還要強烈一些。然而確是非常脆爽，回味帶了一絲絲甘甜，嘴裡頓時生津，彷彿從裡到外都清爽了。《本草綱目》說苦筍：「苦，寒，無毒。主不睡，去面目並舌上熱黃，消渴，明目，解酒毒，除熱氣，健人。」我深以為然。

其實早在唐代，就有人愛吃苦筍，還寫了一篇書法，沒有正式的名字，只好叫作《苦筍帖》：「苦筍及茗異常佳，乃可逕來。」這個人是誰？狂草之「草聖」懷素是也。到了宋朝，蘇東坡自己愛吃苦筍，還把這一喜好傳染給他的弟子黃庭堅。

黃庭堅一生因蘇軾而沉浮，可是不改其志，對苦筍也是大愛，還專門寫了一篇《苦筍賦》：

「餘酷嗜苦筍，諫者至十人。戲作苦筍賦，其詞曰：僰道苦筍，冠冕兩川，甘脆愜當，小苦而及成味，溫潤稹密，多啗而不疾人。蓋苦而有味，如忠諫之可活國；多而不害，如舉士而皆得賢。是其鐘江山之秀氣，故能深雨露而避風煙。食肴以之開道，酒客為之流涎，彼桂玫之與蓼永，又安得與之同年。」

這篇文章我覺得寫得非常好，因為把苦筍的特點說得很透徹。苦筍的做法多樣，可以切了片做酸菜苦筍湯；可以加了綠油油的芥菜，炒成芥菜苦筍，還可以加入鍋中，做成苦筍雜菜煲；也可以涼拌，加些雪菜末是極好的。最妙的是這麼多文豪為它寫文章，正可下飯。當年我看書上寫古人喝酒沒有下酒菜，取出《唐詩三百首》，讀一首，欣賞間手舞足蹈，喝一口白酒，以詩下酒。那時我並不理解，等到和苦筍相遇，才了然，以美文下苦筍，最有古風。

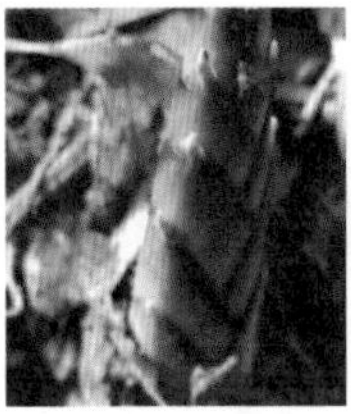
● 出土

● 採筍

● 上市

● 剝殼

茶籽油

茶茶皆不同

很多植物，都有個「茶」字，但功用各不相同：山茶屬的金花茶用於做飲料；油茶為油料植物；雲南山茶為著名觀賞花木，是我插花的時候很喜歡用的花材；而大理茶普洱種又是很著名的茶葉飲品。

我們有道菜，客人說是家常菜，怎麼賣得還挺貴？我說是茶籽油炒的，客人立刻就改口風了，說：「哦，那不貴。」可見，大家都知道，茶籽油是挺金貴的油。

茶籽油，就是油茶榨的油，準確地說，是油茶樹的種子。榨油，傳統上都是冷榨。把油茶籽挑揀一遍，放在鍋裡炒乾，千萬不能炒焦，然後磨成粉。倒不是像麵粉那麼細，還是有小顆粒的。之後再把磨出來的油茶粉放在鍋內蒸熟，蒸的火候是出油的關鍵。之後要做餅，把蒸好的油茶粉，填入用稻草墊底的圓形鐵箍之中，做成坯餅或者叫枯餅，一榨五十個餅。

之後才是真正的榨油。將坯餅裝入由一根整木鑿成的榨槽裡，槽內右側裝上木楔就可以開榨了。「油槽木」是主要受力的部件，長度必須五公尺以上，直徑不能少於一公尺，中心鑿出一個長兩公尺、寬四十公分的「油槽」，油坯餅就填裝在「油槽」裡。

開榨時，掌錘的師傅，執著懸吊在空中大約十五公斤重的油錘或者叫「撞竿」，悠悠地撞到油槽中「進椿」（頂端包有鐵箍的特殊木楔子）上，於是，被擠榨的油坯餅便流出一縷縷金黃的清油，油從油槽中間的小口流出。經過兩個小時，油幾乎榨盡，就可以出榨了，出榨的順序，先撤「進椿」，再撤木楔，最後撤餅。

將榨出的油倒入大缸之中，密封保存。榨油就完成了。

以前傳統的人工榨油方式，現在被更高效的榨油機器所取代，人工榨油已經很稀少了。但是用傳統的木製壓榨機榨出的油與機械壓榨的油有很大的不同，雖然不像工廠榨的油那麼清亮通透，可是質感稍厚且味香，而且儲存時間也比機榨的油要長。

油茶樹本身的功能比較單一，就是榨油，茶籽油的飽和脂肪酸含量比其他各種食用油低得多，甚至比橄欖油還低。因其脂肪酸組成、油脂特性及營養成分都可與地中海橄欖油媲美，所以被盛讚為「東方橄欖油」，長期食用有利於預防血管硬化、高血壓和肥胖等疾病。

茶籽油並不算貴，平常喝的茶葉的茶樹種子也可以榨油，叫作「茶葉籽油」，一字之差，貴的不是一點半點。為什麼貴？除了出油率低，茶葉籽油含有其他油不太可能有的茶多酚。而除了茶多酚這個強效抗氧化劑之外，它的結構也最為合理。橄欖油和茶籽油以單元不飽和脂肪酸的含量高見長，但其中的亞油酸、亞麻酸等多元不飽和脂肪酸含量偏低，因此ω—3的比例就明顯不足。ω—3在深海魚體內含量豐富，對人類的心臟健康有著重要的意義。而茶葉籽油的亞油酸、亞麻酸等多元不飽和脂肪酸含量較高，配比合理。以普洱茶油為例，亞油酸、亞麻酸的比例接近四比一，接近深海魚油水準，為國際推薦標準。這些都決定了茶葉籽油的價值。

秋葵

比我還高的蔬菜

和廚師長一起去四川尋找蔬食靈感，一路下來，印象最深的人是曹八娘。七十歲的老人家，頭髮梳得一絲不苟，衣服漿洗得乾乾淨淨，灶台、碗具一塵不染，調味自然純美，我們都被這一顆匠人之心所感染，而曹八娘的米豆腐已經成了丹棱的名片之一。印象最深的食材是可以榨油的牡丹。但是可以馬上學習來轉化成菜品的，是秋葵。秋葵表面略扎手的茸毛，黏黏的、起絲的汁液總帶有點獨特氣質。

我以前也吃過秋葵，但是不知道它的生長狀態。後來在國家級秋葵基地轉了一圈，那感覺，真是太好了！在蔬菜中翻飛起舞的白色蝴蝶、穿過菜園潺潺流淌的清澈水流、馬上就可以摘下來吃的蔬果，這些都是太久沒有見到的景象了，感到天地都為自己注入能量。走到一片作物稀疏的地塊，看到很多一人高的作物，帶我們參觀的人說，這就是秋葵啦。

咦？我一直以為秋葵是地上矮小的植物，沒想到居然可以長到這麼高大。趕緊跑上前，和一株秋葵合影，仿若認識新朋友一樣。

我非常喜歡吃秋葵，因為胃不好，而秋葵的黏液蛋白是能夠有效保護胃壁的。秋葵的形狀像是縮小的羊角，中國有的地方叫它「羊角豆」，也像是青辣椒的形狀，所以也叫「洋辣椒」。這都不算有趣，有趣的是當天還糾正了我對秋葵的一個認知——不論外皮是綠色還是紅色，都應該叫作「黃秋葵」。

紅色的秋葵是黃秋葵種中一個果實外皮紅色的品種，和綠色的秋葵一樣都是錦葵科秋葵屬的一年生草本植物，所以秋葵雖然長得高大，但它並不是樹。紅秋葵的紅色遇熱會逐漸褪去，所以只要是熱菜，基本上看不出來是不是用紅秋葵做的。

秋葵的花和種子也都可以食用，乾花主要用來泡水，種子主要做成治療胃病的藥物。另外，秋葵和蜀葵是親戚，蜀葵花和秋葵花很像，蜀葵在四川遍地皆是，它的花語是「夢」。蜀葵的花並不嬌豔，但是它不在乎別人的目光，毫不收斂，安安靜靜卻又大大方方地綻放，願意在哪落腳就在哪生長下去，高興開成什麼顏色就開成什麼顏色。這份肆無忌憚綻放的勇氣，讓人不注意都不行。

所以，夢想都是靠堅持的，努力生長，就會達成自己的夢想。

秋葵炒雜蔬（蔥、蒜）

主料： 秋葵

輔料： 香菇、小油菜、青紅辣椒

調料： 橄欖油、鹽、蔥花、薑、醬油

做法：

1. 將秋葵和青紅辣椒洗淨切段，小油菜洗淨瀝乾，香菇洗淨切片，薑切末。
2. 秋葵段焯過、瀝乾。
3. 炒鍋入橄欖油，先將蔥花、薑末、青紅辣椒段投入翻炒。
4. 再將小油菜、秋葵段、香菇片投入合炒，調入一點熱水和少量醬油，加鹽調味後即可出鍋。

薑艾

和合之美

這個世界上，沒有任何一種東西百分之百都是好的，沒有一點副作用。一種東西必然有另一種東西與它相配，相愛或者相殺。人如此，食物也一樣。

我特別地愛茶，幾乎一口不可無此君，茶的保健作用自然也享受到了，可是茶整體是偏寒性的，我每天攝入的茶量又高於一般人，雖然也用煮的方法或者多喝老茶，然而脾臟的功能還是虛弱了，人整天懶洋洋的。

喝茶、貪涼造成脾功能弱化，另外一種常見的食物卻可以有效地提振脾的力量，它就是薑。傳統文化認為，薑的表皮是寒性的，內部是熱性的，而適當地陳放會讓其性質變得更加溫和。我請廚師長專門尋找了陳放兩年的山東小黃薑，然後打掉薑皮，在日光下曬乾。再用研磨機研磨成細粉，它的味道聞起來遠比一般的薑粉要衝，沖泡後喝下去，後背的上部會迅速發熱，額頭也會起微汗，整個人都覺得舒服很多。

再後來，由於工作生活長期不規律，我的胃也不好了，除了薑粉，我又喜歡上了艾草。我常用艾條燻神闕穴和中脘穴，針對脾胃虛寒很有效果，特別是聞到艾煙，並不覺得難受，反而精神也好了很多。開始沒有關注，覺得艾條都差不多，直到朋友送了陳放五年的精選艾條，燻燃了一次，那種芳香、那種熱力，藥店裡的普通艾條實在難以與之相比！我這才好好地關注艾草，而這一關注，我發現艾草不是只能燻燃治病，居然是可以食用的！

其實，以前去四川洛帶古鎮遊玩，很愛吃當地的一種小吃就是艾蒿粑粑，只是當時我沒把艾草和艾蒿聯想到一起，不過是當成有關艾草的兩個名字罷了。艾草在北方製成艾灸的艾條比較多，在南方食用的比較多。

我們蔬食館最早買的食用艾草就是素食星球的艾草套裝，裡面有艾草餅乾、艾草茶和艾草粉，它們被裝在很實用的布袋裡。艾草餅乾很快吃完了，艾草茶也不時地泡點水喝，就是艾草粉的利用率比較低，想起家裡還有很多有機的小麥粉，那就做些艾草麵條吧！

艾草陽春麵（蔥、蒜）

主料：麵粉

輔料：艾草粉

調料：蔥花、醬油、芝麻油、菇類的邊角餘料

做法：

1. 菇類邊角餘料加清水，熬煮為素的清湯。
2. 麵粉中放入五分之一的艾草粉，分幾次加水，和成軟硬適中的麵糰，蓋上濕的紗布靜置二十分鐘，待麵糰變軟。
3. 麵糰取出再揉五到十分鐘，將麵糰按扁，擀成大薄片。
4. 均匀地撒上麵粉，防止黏連。將麵皮疊成若干層，用刀切適中的寬度。

5. 將切好的麵條抖散。

6. 鍋中加入清水燒沸，放入麵條攪散後煮至斷生（八分熟）。

7. 碗內倒入適量醬油，將麵條撈出盛在碗內，撒上蔥花，沖入菇類清湯，點幾滴芝麻油即可。

參

素味江湖

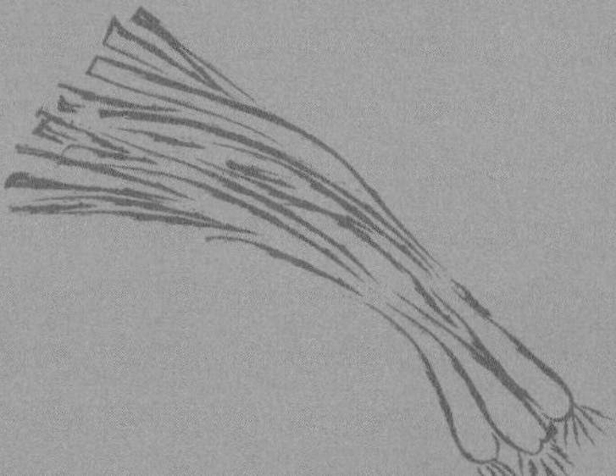

泡菜

四川人的罈子，無所不能泡

一說起泡菜，我首先想到的是四川泡菜，繼而是韓國泡菜，其實，北方也做泡菜的。拿我家舉例，以前泡菜原料基本就是白菜幫、捲心菜葉子（掰段），放在罈子裡，加上鹽、花椒，倒上溫開水，封好口，過一陣子就可以吃了。不過，說到把泡菜做得天花亂墜的，那還得是四川人。

你問四川人做泡菜的要點，十個有九個會說「你得挑個好泡菜罈子」。去菜市場一看，四川人的泡菜罈子通常是比較大的，和他們比起來，我們的只能叫「泡菜罐子」。挑泡菜罈子有些訣竅，首先要看著順眼：表面光滑，胎體沒有破損暗裂，上釉的地方比較均勻；其次

是聽聲音，耳朵伏在罈子口，聽見如潮汐般的聲音才行，回聲越持久越好。據說四川人以前挑罈子，都會準備草紙一張，把罈子口外圈密封沿倒上大半的水，將草紙點燃扔進罈子裡，蓋上內蓋，扣上密封碗，好的罈子，嗖嗖嗖就把水吸進罈子裡去了。

罈子挑好了，就準備食材。四川泡菜其實就一句話——無所不能泡。就蔬菜來說，可以醃漬的蔬菜種類很廣泛，常見的是豇豆（菜豆）、捲心菜、白蘿蔔、水蘿蔔、胡蘿蔔、藕、芹菜、萵筍、嫩薑、二荊條紅辣椒等。先把粗皮、老筋、黑斑之類的處理乾淨，洗淨瀝乾水分（很忌諱生水），切條切塊。然後開始準備泡菜水：把井鹽、朝天椒、八角、花椒、白糖和清水倒入鍋中，大火燒沸後轉小火再煮十分鐘，使各種香辛料的味道完全融入湯中，再離火將製成的泡菜水徹底放涼。

事先將泡菜罈洗淨，完全陰乾水分，再把各種切配好的蔬菜放入罈中，加入泡菜水，不僅要完全浸沒而且要高出幾公分，也要加點白酒。之後蓋上內蓋和密封碗，用清水注滿罈沿，置於陰涼處，一般來說醃漬十天即可食用。

四川人做泡菜很忌諱鐵器，切菜、放置等步驟，一律使用不銹鋼器具。又很在乎「老水」，只要泡菜水不壞，一定是持續使用的。如果覺得泡菜水的力度不怎麼夠，一般先泡芹菜，據說酸度會很快提升。泡菜尤其忌油，夾泡菜的筷子是洗乾淨後晾乾專用的，誰要是吃著飯用吃飯筷子去泡菜罈子裡夾泡菜，肯定要被罵的。

我吃四川泡菜，一愛豇豆，二愛嫩薑，胃口不好者的必備之寶也。

● 嫩薑

● 豇豆

五夫蓮子

素面朝天的本真

武夷山不僅盛產茶葉，還產很好的蓮子，當地人叫「五夫白蓮」。五夫是個鎮，本來也很普通，可是歷史上出了個大名人朱熹，之後歷代尊崇有加，山川總因人文而毓秀。

我第一次聽「五夫白蓮」，以為白蓮就是白色的蓮花，後來一看成片的荷塘，開的都是粉紅色的荷花啊，當地朋友說「白蓮」指的是白蓮子。俗語說「粉花蓮蓬白花藕」，開白花的藕根好吃，開紅花或粉紅花的蓮子才好。

朱熹是唯一非孔子親傳弟子而享祀孔廟，且位列大成殿十二哲者之一。朱熹十歲時喪父，母親一手將他帶大，在五夫當地，還流傳著「朱夫人白蓮教子」的故事。一碗蓮子究竟有多大的教育意義，還是要看吃的人。

而五夫蓮子的品質確實是我所見過蓮子之中最好的。初見五夫蓮子，我覺得並不理想，因為乾蓮子不好看，表面有凹凸不平、皺縮的紋路。及至發好煲糖水，我吃了一顆，便驚為神品——那種入口即化、清香甜糯的感覺絕無僅有。問了廚師長，說製作過程中稍燉即熟，久火卻不化，時有清香撲鼻，他也很驚喜。再吃幾口，軟糯流於口，馨香流於心。

和當地朋友詳聊，才知當地傳統手工製蓮工藝是用柴火灶烘烤蓮子，不用任何機械工具，更不用化學藥水燻染。所以蓮子的表面有比較粗糙的凹凸紋路，不完美

蓮花

- 粉紅色荷花：紅色、粉紅色的荷花結出的蓮子顆粒飽滿，是沒有變種的蓮子花。而這種色彩的荷花藕根比較細小而粗老，不適合食用。
- 白色荷花：白色的花為食用藕種開出的花，鮮嫩爽口。而這種花結出的蓮子顆粒細長，不適合食用。
- 蓮蓬：到了夏季，剛採摘下來的蓮蓬口感清香、甜潤可口，生吃是絕好的零食，還可以養心安神。
- 蓮子：蓮子乾燥後，變成了藥食兩用的佳品，既可以燉湯，又可以入藥。

的外表，恰恰證明了素面朝天的本真。
我記得朱熹有首詩：「半畝方塘一鑒開，天光雲影共徘徊。問渠那得清如許，為有源頭活水來。」說不定常年這半畝方塘也種滿了五夫的荷花吧？

粉紅色荷花

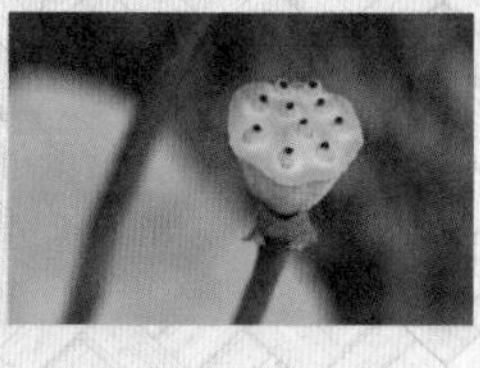
蓮蓬

白色荷花

蓮子

紫蘇梅餅

有君伴涼宵

美好的地方，總有很多美食，而這些美食，越是小吃越能體現風土人情，以及滄海桑田變幻中的溫情。大理多的是乳扇、話梅、核桃餅……也有米線、餌絲、砂仁條……名單似乎沒有終結，因為永遠可以有新發現。

不太常見的倒是紫蘇梅餅。我第一次見到它的時候，就被它美麗的外表吸引了。紫蘇梅餅是一塊紫色的亮麗瑩潤的東西，神秘、誘人、夢幻，抑或帶著一絲曖昧。買了一塊，我太太看見了說：「哦，這個東西，我們白族叫冰梅餅，你看……」她還沒吃，只是一捏，接著說：「這個要曬乾，這塊還太濕，看你是外地人……」我無懼各種打擊嘲諷，狠狠地咬了一口……我的天哪！口腔中先是紫蘇的涼，然後是猛烈的酸，接著還有鹹，後來感到另外一種酸，過了很久，喉嚨中嘗到一絲絲的甜。

待我恢復正常之後，太太檢視了一下剩下的冰梅餅，說：「嗯，紫蘇葉子還挺新鮮，裡面包著酸梅子末，還有酸木瓜末，加了鹽打成醬，看起來還很好吃。」說著咬了一口，很享受的樣子。她這個樣子，倒是又讓我想起了尺八明暗對山流的塚本平八郎先生。我們一起吃飯的時候，塚本先生總會拿出一個小盒子，裡面是從日本帶來的醃梅子，吃一點，往口裡送一口米飯，也是很享受的樣子。

我望梅止渴，口腔裡巴甫洛夫高級神經反應比較劇烈，於是老師讓我也嘗嘗。我興奮地吃了一個，立刻很有禮貌地、非常文雅但又堅決拒絕再吃第二個。

中國古代就用梅子調味，晚唐文學評論大家司空圖曾說：「梅止於酸，鹽止於鹹，飲食不可無鹽梅，而其美常在鹹酸之外。」也許，日本梅送飯、大理紫蘇梅餅皆為中國古代食風孑遺爾。

除了紫蘇梅餅，在大理我常接觸的、也很能接受的小吃是冰粉涼宵。冰粉就是將冰粉籽包揉在紗布中，在水中使勁搓出半透明晶體，然後用石灰水一點，凝成透明如冰之塊。不光在大理，西南各省都很多見。涼宵倒不如冰粉常見，此涼宵非「天涯霜雪齊涼宵」之涼宵，沒有那麼淒幽悲憤，卻與「良宵」同音，頗能引起好的聯想。

米粉製成小段，形如小的白色湖蝦，我因而更願意叫它的另外一個名字——「涼蝦」，形象生動，食之意也。冰粉涼蝦共居一器，本身都無味，要加已經煮好的糖漿，是用紅糖和玫瑰花瓣製成，色赭醬，味甜香，又可以撒各色水果丁，味道頗佳。

〔紫蘇梅餅〕

西塘芡實糕

軟糯之中見風骨

中國人愛水，是一種骨子裡的繼承。中國的文化裡，以柔克剛的水，至強卻也至柔。所以中國人看見城市裡的一汪淺池、內陸的水巷縱橫，都會有一種從心底生出的由衷嚮往。

水鄉最知名的，不外乎江南——周莊、同里、甪直、烏鎮、西塘是也。各人有各好，我最喜歡的是西塘。西塘的橋千姿百態，水巷綿密，岸邊簷廊婉轉如清歌，其實其他水鄉也大抵如此，然而總歸感覺是不同的。

西塘有幾樣自己的小菜，雖然不如周莊萬三蹄膀那般出名。然而有種點心，卻是我百吃不膩的。西塘很多家在做，然而好友文山告訴我一家叫作「三方」的鋪子最好。文山在西塘開客棧，我去看他，彼此都覺得滄海桑田，對人情世故都有所疏離，偏偏年輕時認識的朋友，交情卻是十年不見而未有一毫生分的。文山也是個喜歡世界各地到處遊歷的人，我便信他。有時候，美食在於你的心境，經歷恰是其中難以學習的評價要素。

這種點心，便是芡實糕。芡實糕，顧名思義，是用芡實為原料做的。芡實是個挺奇怪的東西，其實我也沒覺得它有什麼特殊香氣，可是就是愛吃。後來想想，也許是芡實有股難以描繪的「清氣」吧。江南人自古水潤，他們把芡實、茭白、蓮藕、水芹、茨菰、荸薺、蓴菜、菱角合起來叫作「水八仙」。

「仙」屬於道教，道教尚「清」——從內而外清淨了，不是神仙勝似神仙。江南自古繁華，富庶且多雅客，並不十分羨慕神仙，還不如腰纏十萬貫，騎鶴下揚州。所以，江南人的做派和神仙差不多，吃東西也是清妙的。水八仙尤其如此，吃來吃去，總歸是一團清氣，化成無限妙而無言的鮮美。芡實在江南當然是直接吃的，到了北方離水太久，只能乾磨成粉。其實北方人也熟悉的，我們做菜愛「勾芡」，勾的就是芡粉啊。

現今的芡實糕由芡實粉和糯米膨化粉精製而成，可以一片一片大大咧咧地撕開而不掉渣，但也絕不會軟糯沒有風骨，細膩中帶著嚼勁。西塘的「三方」也賣八珍糕，據說是西塘最傳統的糕點，芡實糕也是八珍糕改良而來。所謂八珍，就是八種中藥材，山藥、蓮子、芡實、扁豆、砂仁、茯苓、米仁、白糖為粉，濕糊成長方形糕，再豎切長方形薄片即可。色澤是深灰色，粉質細膩，但和芡實糕口感不同，芡實糕是綿軟，八珍糕是鬆脆，略有中藥味，但總覺得沒有芡實糕那麼好吃。

● 芡實

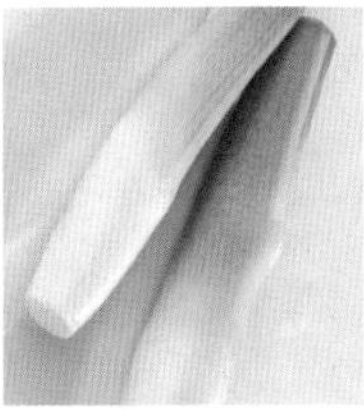
● 茭白

● 蓮藕

● 水芹

● 茨菰

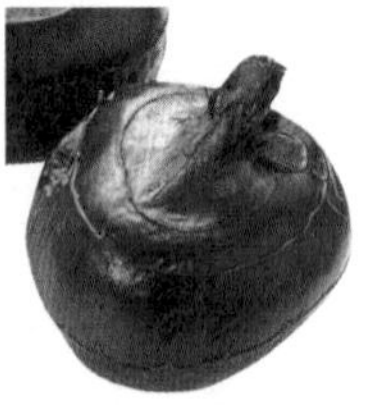
● 荸薺

● 蓴菜

● 菱角

豆腐瓊瑤漿

三頓不吃心就慌

葡萄酒裡有一種釀造品種叫作「瓊瑤漿」（Gewurztraminer，台灣譯為「格烏茲塔明那」）的，用它釀的白葡萄酒，香氣風格十分濃烈明顯。作為一個對文字敏感的人，我一下子就記住了這個名字。翻譯這個名字的人一定是個熟悉中國傳統文化的老者，用了這麼好的一個詞。瓊瑤漿除了是引人遐思的酒飲之外，在食物裡我覺得能達到這種聯想口感的食物，大概就是建水的豆腐了。

雲南古城建水，在我心中是雲南的「三朵金花」之一。另外兩朵，一朵是大理，白族風情和蒼山洱海交織，明麗無雙；一朵是騰沖，邊境小城，然而文風鼎盛，北海和溫泉地貌奇特，風景怡人。而建水，則是「滇南鄒魯」，保存了大量的儒家文化。

我最早知道建水，是因為建水的紫陶。建水紫陶是很不錯的陶器，以前雲南汽鍋雞的汽鍋都是使用建水的陶器，做出來的雞肉、雞湯鮮美無比。建水紫陶的茶具也很適合泡茶，如果是做了填刻的裝飾，就更加漂亮。可惜這一兩年炒作得厲害，一把小壺稍微做了一些裝飾，動輒一兩千，我便也就不用了。

不過有一樣東西，我還是放不下的，貴也貴不到哪兒去，就是建水燒豆腐。建水一到夜間，路邊基本都是攤子，賣各種吃食。燒烤攤子尤其多，烤韭菜、烤雞腳，等等，街上人聲鼎沸，尤其是燒豆腐的攤子，總是圍滿了人。

建水本身不產大豆，可是盛產豆腐。做豆腐，最重要的是水。建水的古井甚多，但人們執著地認為西門外大板井的水最好，泡茶、做豆腐都必須用這口井的水。

和北方放在幾尺見方的豆腐木箱中壓榨水分不同，建水豆腐要用乾淨的小棉布包成一小塊，放到邊上，榨乾水分，取出來整齊地放在竹匾或者是木板上，就可以直接食用或者燒烤了。但是也有人喜歡吃毛豆腐，就是讓豆腐黴變，長出菌絲，可以直接燒烤，也可以風乾再燒烤。

燒豆腐是用類似抽屜一樣的鐵皮爐具，下面燒炭，上面架鐵絲網。也有簡單的做法，在搪瓷洗臉盆上面架一鐵絲網也能用。燒烤豆腐之前，要先在鐵絲網上抹上菜籽油，這樣豆腐不會黏在鐵絲網上。燒烤時要隨時翻動豆腐，以防烤焦。技藝熟練的師傅們都是直接用手掌輕按在豆腐塊上搓動，讓它們翻面。在豆腐被炭火烤得「噝噝」地冒熱氣時，豆腐的顏色逐漸由玉白變為嫩黃，體積也膨脹起來，基本會類似一個微圓的豆腐球，結實、飽滿。更誘人的是，「噝噝」冒出的熱氣在空氣中迅速轉換成一股義無反顧的豆腐特有的香氣，吸引人們不斷上前。

燒好豆腐後，就要拼調料的水準了。不同攤子都有自己的蘸料配方。但是一般是兩大類：乾粉和濕汁。乾粉的基本原料是乾焙辣椒和鹽，加芝麻和花生碎，都是為了提香，各家各顯手段；濕汁基本原料是腐乳汁，也有加醬油、蔥花、芝麻油、蒜蓉、小米椒等，不一而足。

當地人吃燒豆腐，一定用手掰開再蘸料。香脆的外殼裡面是鬆軟的嫩豆腐，最適合吸收蘸料，吃到嘴裡，香氣中蘊含飽滿的汁水，你首先想到的是，趕緊再烤三十塊，因為肯定不夠吃啊。

燒豆腐，以前只在雲南石屏、開遠、建水、箇舊、彌勒、宜良、昆明等交通主幹道沿線流傳。明朝初年即有生產，清末曾被選為貢品。還是本地人形容燒豆腐最到位——脹鼓鼓黃燦燦，四棱八角討人想，三頓不吃心就慌。我現在已經是邊寫，心裡邊想得慌了。

娘惹菜

咖哩控的小幸福

雖然我不習慣印度菜，卻是十足的咖哩控。以前還沒有吃素的時候，去了有咖哩的餐廳，一般都會點綠咖哩羊肉、黃咖哩雞肉、紅咖哩牛肉，如果人多，就會加上一個咖哩炒飯。後來偶然的機會，接觸到了馬來西亞的咖哩，做出的娘惹菜甜味比較大，而且添加椰漿了，味覺層次更豐富，也是讓我愛到停不下來。

咖哩之所以神奇，因為它是一個龐大的味覺層次組合，類似於中藥的組方，產生了一加一加一加一……大於一百的奇妙效果。其實咖哩是音譯，源於泰米爾文，意思就是調料。而在印度，咖哩這個詞事實上很少用。

在印度北部和巴基斯坦，叫作咖哩（kulry or khadi）的菜肴一般都含有優格（yoghurt）、酥油（ghee）或印度酥油，而在印度南部，一切加了醬的複合香料的菜肴都可以叫作咖哩。中國人和英國人對咖哩的闡釋是一致的，即包含著薑、大蒜、洋蔥、薑黃、辣椒、小茴香等香料的複合品。

綠咖哩加了更多呈現綠色的蔬菜，例如香菜、斑蘭、香茅、青檸檬皮、薄荷等，呈現出黃綠色，富含更清新的香氣；紅咖哩裡面有更多的印度紅辣椒，其實沒那麼辣，但顏色很討巧，非常增加食欲；黃咖哩主要是加薑黃粉，辣中帶一點點的酸，最適合亞洲人的普遍口感。這是從常見顏色上來區分的。

從不同國家和地區來看，泰國的咖哩最為適合中國人的口感；印度的咖哩香料過多，略有苦味；馬來西亞的咖哩，尤其是娘惹菜，別走一脈，甜味比較大，也更喜歡添加椰漿，味覺層次十分豐富；而日本咖哩則顯得稍微細膩了一些，有時會在咖哩裡添加水果泥。

咖哩實在是個好東西，好做好吃也沒太大負擔，天冷的時候吃一口能暖上半天，天熱的時候吃一口又能開胃，和食材也是百搭。

說到馬來西亞的咖哩，不得不提娘惹菜，我早在北京就接觸過，是在馬來西亞駐華大使館開辦的一家餐廳。「娘惹」，是指馬來西亞人和中國人的女兒，如果是兒子就稱為「峇峇」，反映了華僑不斷融入當地社會的決心和努力。可惜，中國人都長了一副思鄉的胃，飲食上不能完全改變，在福建菜和馬來西亞飲食習慣融合的基礎上，娘惹菜橫空出世。而麻六甲是馬來西亞最早有華人移民的地方，所以娘惹菜亦最正宗。

其實，娘惹菜的做法基本還是中國化的，但是應用了不少當地特產配料入饌。例如鳳梨、椰漿、香茅、南薑、黃薑、亞參、椰糖等，檸檬、斑蘭（七葉蘭）等更成為不可少的佐料。這道咖哩雜拌蔬菜，咖哩本身很香，加上椰漿來調味，除了增加另一種香氣之外，口感上更能突出和配合多種蔬菜的甜美，我配著吃了兩碗米飯才覺得過癮。

● 紅咖哩醬

● 黃咖哩醬

● 綠咖哩醬

娘惹咖哩雜拌蔬菜（蔥、蒜）

主料：馬鈴薯、胡蘿蔔、花椰菜

輔料：洋蔥

調料：植物油、黃咖哩粉（二勺）、椰漿、鹽

做法：

1. 先將馬鈴薯、胡蘿蔔、洋蔥、花椰菜洗淨，馬鈴薯、胡蘿蔔切塊，洋蔥切小片，花椰菜撕成小段。
2. 熱鍋涼油，油熱後先炒咖哩粉。
3. 將馬鈴薯塊、胡蘿蔔塊下鍋翻炒，加一點水略煮。
4. 加入花椰菜段翻炒。
5. 燉煮馬鈴薯塊、胡蘿蔔塊至表面糊化、花椰菜段變軟後放洋蔥片。
6. 加椰漿、鹽煮開拌勻，即可出鍋。

黃咖哩粉｜泰國

椰漿｜泰國

食客

把平凡的食材調出不平凡的味道。咖哩一直是我最愛的一道菜，身為咖哩控，到餐廳只要有咖哩就會點，而這份咖哩馬鈴薯卻是我吃過最特別，最用心的一道。咖哩配上椰奶的濃郁香味是平凡又巧妙的融合。

——朱信宗（演員、素食者）

酪梨

超級營養能量食物

以前看過一條資訊，說是早在新石器時代，體型龐大的長毛象除了吃豆類和樹皮，更喜歡酪梨，因為能提供比樹皮多很多的能量，更能抵禦寒冷。而這些被長毛象吞進肚子裡的果子，堅硬的果核在排出長毛象的體外後更容易破壁，發芽生根，又長大為新的果樹，結出更多的水果。所以早在滿足人類的口腹之欲之前，酪梨就已經是這個星球神奇的植物之一了。

我在美國工作的那段時間，公司樓下就是一個大型的超市，裡面有很大的木箱，分堆擺放不同顏色的酪梨——綠色是還未成熟的果實；深綠色代表成熟中，放一、兩天後便可食用；棕綠色的是已經成熟，一天內可以食用；墨綠色則是過熟的，晚上你就吃掉吧。而且每只果子上都貼心地貼著分類小標籤。

我經常開心地買五、六個，回公寓在冰箱裡放好，每天一個，用各種法子吃。用同事們的說法是我吃酪梨已經到了「喪心病狂」的地步：他們見過我切成片直接吃，也見過我把它和香蕉打成漿和著吃，還見過我用義大利青醬和酪梨泥拌義大利麵吃。終於有一天，沒看見我吃酪梨，他們很奇怪地問我，我回答：「在烤箱裡呢，還沒烤好。」話音剛落，人就不見了，各回各屋，剩我一個人開心地等著烤箱的鈴聲。

酪梨和榴槤是一樣的，愛的人愛死，討厭的人敬謝不敏。確實，酪梨滑膩的口感，喜歡的人覺得綿密香濃，討厭的人覺得油膩詭異。但酪梨真的是超級健康的營養能量食物啊。它含有豐富的膳食纖維，能夠解決很多人的便秘問題；它含有豐富的葉酸，有利於胎兒的發育；它含有一定的鎂，可以減輕我的偏頭疼；它還含有油酸，是一種降血脂的植物油脂；而它含有的葉黃素、卵磷脂、維生素，對用眼過度的人很有益處，還能滋潤分叉的頭髮以及乾燥的肌膚。不過，這世界上可沒有十全十美的好事。酪梨唯一的缺陷，就是它的熱量很高，別看是水果，你若大量吃它，也有可能吃成胖子，所以，每天不要超過半個吧，否則，體形也會變成一枚酪梨啦。

烤酪梨鵪鶉蛋（蛋、奶）

主料：酪梨

輔料：鵪鶉蛋

調料：黑胡椒粒、海鹽

做法：

1. 豎著切開一個酪梨。用刀揳入果核，小心地拔出果核，在果肉上劃出網格。
2. 打入鵪鶉蛋，小心不要從果核的空窩溢出。
3. 均勻地撒上黑胡椒粒和海鹽。
4. 烤箱預熱二百度，烤十～十五分鐘即可。
5. 不吃蛋的人可以直接烤酪梨，烤好後倒入醬油和青芥末攪拌食用，也很好吃。

臘八豆

拯救「中國胃」

我在洛杉磯前後工作了七個月，很喜歡這個城市。雖然我對西餐滿適應的，但是，打心底裡更喜歡的味道還是中國味，尤其是那些居家過日子的醬、醋、飯。

在美國工作的時候，我住的地方離比佛利不遠，度過了開業籌備階段那忙得昏天黑地的前幾個月，好不容易有幾天假期，便去逛我最喜歡的蓋蒂博物館，去加州大學洛杉磯分校看看大學生們的生活。有時候早起，慢跑幾個街區鍛煉一下，然後進超市買東西。附近大超市裡有個乳酪區，羅列一百多種乳酪，乳酪是我最喜歡的食物之一。

從超市回到公寓，同事們才剛剛起床，我已經在準備早午餐了。有一次，同事從樓梯探下頭來問我做什麼早飯，我隨口回答「餃子」，他們頓時雙眼放光，紛紛說幫他們煮幾個，我馬上答應了，不過還是只煮了自己的分量。等他們下樓來，看到餐桌上只有一盤個頭很小的餃子，都有些狐疑。拿起筷子一嘗，恨不得立刻吐掉，問我：「這什麼餡啊？真難吃！」我回答：「乳酪餡啊，義大利餃子。」他們立刻以迅雷不及掩耳之勢溜走了。等屋子裡清靜了，我才從櫥櫃裡拿出一瓶從中國超市買的臘八豆，拌在餃子裡，呀！好吃多了。

其實我對西餐還挺適應的，但是，更喜歡的味道肯定還是中國味，尤其是那些居家過日子的醬、醋、飯。在洛杉磯最常吃的，就是從葉玉卿開的夏威夷超市購入來自台灣的狀元牌臘八豆醬，後來發展到耶誕節烤火雞也放臘八豆醬，從墨西哥料理餐廳「Chipotle」買墨西哥捲餅回來也要自己加一勺臘八豆醬。

臘八豆之所以好吃，是因為大豆發酵分解產生了很多呈現鮮味的氨基酸，同時還有酸、苦、甘、鹹、辛這五味調和，很是開胃。以前民間自己做臘八豆，多在每年立冬後開始醃製，至臘月初八後食用，所以叫作「臘八豆」。臘八豆很多地方都做，湖南人、湖北人多叫它臘八豆，四川人習慣叫它水豆豉，安徽人一般叫它豆醬。不管叫什麼名字，反正我都愛吃。

臘八豆青菜湯（蔥、蒜）

主料：臘八豆

輔料：青菜

調料：芝麻油、香蒜苗

做法：

1. 將一小勺臘八豆放在鍋內略炒。
2. 青菜剁成半公分長的小段，香蒜苗切碎。
3. 鍋內加入清水煮開，放入青菜段，小火煮幾分鐘。
4. 關火，撒香蒜苗碎，淋上幾滴芝麻油即可。

納豆

寂靜之後，安於現實

納豆是由大豆發酵而成，但是顏色是枯敗的黃，除了有特殊的腐敗氣味之外，當你用筷子去攪動或夾取納豆時還能拉出長長的細絲，這些絲不容易斷掉，附著在碗壁上，不一會就會變成一楞楞凸起的硬絲。納豆最初是由寺廟裡的僧人製作的，而日本寺廟的廚房被稱為「納所」，這裡製作的當然就順理成章地成為「納豆」。

我嘗試吃納豆，一大半原因是因為它神乎其神的保健作用。工作後，體重一再上升，我對高血壓、高脂血症這類疾病的預防就一直都比較上心，而納豆這名字常常會跳入眼中。如今納豆基本上被宣傳成了包治心腦血管疾病的神物。

老實說，第一次吃納豆，我覺得還不如去吃藥。因為藥，就只是藥味，而納豆入口卻是奇怪的味道組合，仿若味覺的地獄一般。後來在網路上交流了一下，才發現就連日本都有很多年輕人無法接受納豆的味道！他們和我一樣，看到有的人將納豆直接拌在白米飯上吃得津津有味，都佩服得五體投地。

但吃過幾次之後，我開始逐漸接受並喜歡上了這種味道，這和我接受魚腥草的過程一樣。納豆是如何做到讓人愛恨分明的？因為它是一種發酵食物，發酵食物因為獨特的發酵味道，令人對它的態度涇渭分明，如著名的臭豆腐。其實重要的還有一點，是吃這類食物的方法。臭豆腐塗在剛出籠的窩窩頭上，雖然臭味更濃，但是吃起來感覺卻是更好。

而納豆最常見的吃法就是拌上醬油、蔥花、芥末、芝麻油，和生雞蛋攪成一團放在白米飯上吃。也可以把納豆切碎，加入到涼湯中一起喝，還可以做成納豆手卷，或者將納豆和各種生蔬菜絲等拌在一起吃，甚至還有人用納豆加上蜂蜜直接食用。

我吃納豆的另一個原因，是因為小時候的偶像——聰明的一休和尚很愛吃納豆。一休宗純是後小松天皇的兒子，而其母親據說乃是政敵派出的間諜，故而一休宗純小時候即被安排出家，不得留有子嗣。除了世人熟知的「一休」法號，他還給自己起了個名字，叫「狂雲子」。他確實做了很多出格的、與世道格格不入的事情，但其實是在反抗社會流弊，彰顯禪宗單純、赤誠的心法。

一休宗純不僅愛吃納豆，他還自己製作納豆食品，其用意是為了化腐朽為神奇，提醒僧人在寂靜之中安於現實，減少對物質的追求，求得心靈的富足。無獨有偶，這種思想被日本後世一位茶道宗師承繼，在他的茶會料理中，不再追求奢靡，而是引入了納豆，展現了濃郁之後的侘寂，這位宗師就是草庵茶的千利休。

令人遺憾的是，一休宗純的納豆做法和現在的納豆做法並不相同，一休宗純的納豆是類似中國黑豆豉那樣的食物。現在的日本納豆其實正規的叫法是「拉絲納豆」，由大規模的工廠發酵接種而成。

納豆始終只是一個寓意，人們若把自己的平安健康單純寄託在小小的納豆身上，卻不能夠持之以恆關照自己的內心，從而改變生活的態度和方式，這恐怕是一休禪師所沒有想到的，而人們這種向外界求取健康的希冀，恐怕也將成為小小納豆所不能承受之重。

納豆海苔絲（全素）

主料：拉絲納豆

輔料：乾海苔絲

調料：青芥末、日本醬油

做法：

1. 碗內放二勺拉絲納豆，中間留一小窩。
2. 由乾海苔片切成的細絲撒在拉絲納豆上。
3. 小窩內放一點青芥末。
4. 在拉絲納豆上均勻淋上數滴日本醬油即可。
5. 吃的時候，可將拉絲納豆在碗內和各種調料攪拌均勻，蓋在白米飯上食用。

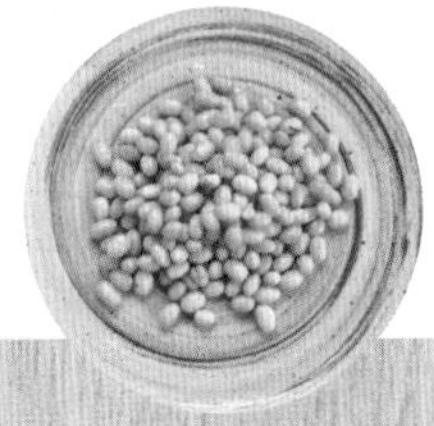
納豆｜日本

海苔｜日本

青芥末｜日本

食客

此菜取材於納豆，常在日式料理出現，有近千年的食用歷史，甚至超過我們熟知的「江戶前壽司」，且有「頓頓食納豆，能活九十九」的民間諺語，可見發酵食品確實對身體健康多多益善！再佐以海苔、青芥更是風味俱佳！

——食尚小米（《中國味道》策劃及嘉賓、《回家吃飯》美食顧問、美食自媒體人）

豆瓣醬

守得住寂寞

中國古人的開門七件事：柴米油鹽醬醋茶，「醬」是生活的不可或缺。各種醬，基本都以豆類發酵而成，郫縣豆瓣醬也不例外。它特殊的口感，從客觀的角度來說來源於三個方面：地利、特產、工藝。

我在北京工作將近十五年，熟悉程度甚至超過了生活過二十年的太原。然而戶口很難進北京，時間一直拖到小孩子該上學了，實在不能再拖下去，太原回不去，北京又進不來。索性，按照自己的心意重新選擇一個城市吧。

喜歡成都，於是就一步一步折騰：看小學、買房子、裝修、報名、拿通知書……最先看上的地段位於寬窄巷子附近，挨著重點小學和初中，我雖然透過人才引進政策落戶成都，然而尚不敢和老成都人拼搶資源，便調頭向郊區了。成都地鐵二號線的最後一站地叫「犀浦」，距離市中心公共交通大約四十分鐘。當地人一聽，那不好，太遠了啊，對於我這個住慣了北京的人來說，北京出個門動輒都是一小時，於是就定在了犀浦。

犀浦是屬於郫縣的，郫縣是中國最著名的豆瓣之鄉。巧合的是，因為城市化進程，郫縣很知名的豆瓣品牌「鵑城豆瓣」也經歷了一場整體的搬遷。我專門找了那部搬遷的紀錄片來看，看到那一排排的醬缸因為正在發酵的關鍵期而不能搬走，那留守的幾個老師傅，還在爭分奪秒地每天攪拌醬缸以趕得上最後的期限將醬製熟，不由心有戚戚然——人和豆瓣都是一樣的啊，脫離故地，奔向迫不得已的前程。

郫縣地處成都平原中部，因得都江堰灌溉之利，水氣豐沛，空氣濕度有利於菌種發酵繁衍。同時盛產胡豆（蠶豆），而且品質特別優良，以它作為主要原料加工製成的豆瓣醬，油潤紅亮，蠶豆特殊的發酵香氣極為濃郁，味道層次特別豐富。而在工藝上，郫縣豆瓣醬用料講究配比，製作方法大致是：將胡豆去殼，煮熟降溫，拌進麵粉，攪勻攤放發酵，其間溫度要維持在四十度左右。經過六到七天長出黃灰色黴，稱之為初發酵。再將長黴的豆瓣放進陶缸內，同時放進食鹽、清水，混合均勻後進行翻曬。

製醬工藝嚴格遵循「晴天曬，雨天蓋，白天翻，夜晚露」，因為表面容易乾燥，必須時常整缸翻攪。經過四十到五十天，豆瓣變為紅褐，加進碾碎的辣椒末混合均勻，再經過三到五個月的貯存發酵，豆瓣醬就完全成熟，而這期間每天都要攪拌二十次左右。豆瓣醬也講究陳釀，三年以上的豆瓣醬簡直是菜品味道增鮮的寶物，而郫縣豆瓣醬也被稱為「川菜之魂」。其實，在這些條件之中，蘊藏了一個非常重要的主觀因素——人。郫縣豆瓣醬乃至中國的很多傳統食物，都不是靠食材的名貴占得先機，而是靠耐得住寂寞、不斷重複而能一絲不苟的那些師傅們一天一天的緩慢累積，才創造出這些凝結心力、終成神品的奇跡。

〖陳釀豆瓣醬〗

三年陳釀豆瓣醬炒黑豆皮（蔥、蒜）

主料：黑豆皮

輔料：青蒜苗

調料：菜籽油、豆瓣醬、大蔥、八角

做法：

1. 黑豆皮切小塊、青蒜苗切斜塊，大蔥洗淨切段。
2. 菜籽油熱鍋冷油燒至微起青煙，加入八角炸出香味，之後再放入大蔥段、青蒜苗塊爆香後出鍋。
3. 另起鍋，燒熱菜籽油後再加入豆瓣醬炒香。
4. 混合，加入黑豆皮繼續爆炒，即可出鍋。

喜馬拉雅岩鹽

一把淨化塵囂的力量

二〇〇六年的時候，我去了一趟西藏。當時約了四個陌生人，從成都出發，到了拉薩，雖然彼此已成好友，然而不得不分開。其中兩人要去珠峰，我選擇了去桑耶青浦。分別時，我豪言壯語地宣稱：「你們先去，總有一天我會用其他方式與喜馬拉雅相見……」

十年前，我處於人生的另一場無奈之中。在工作上，因為觀點和公司不同步且我執著於表達自己，很是不愉快；生活上，待在北京，無房無車無法長期融入，後退亦無方向——離開故土多年，回去從頭開始無異於他鄉。長期的進退維谷，讓我的身體提出了最為嚴重的抗議——我出現了嚴重的便血，常常從廁所出來，嘴唇因失血而蒼白。厭倦了每天朝九晚九、一年休息不超過十天的工作，我選擇了逃離。

逃離到哪裡呢？二〇〇四年初我皈依藏傳佛教之後，就一直特別想去西藏看看。看了網路文章，約了四個陌生人，從成都一起租了一輛切諾基（Grand Cherokee），就一路走走停停進藏了。到了拉薩，雖然彼此已成好友，然而各有各的目標，不得不分開。其中兩人要去珠峰，我當時也很想去，可在有限的預算之下，優先選擇去桑耶青浦，只好豪言壯語地宣稱：「你們先去，總有一天我會用其他方式與喜馬拉雅相見。」

孤獨地一個人上路，年輕是不知道怕，也沒有顧慮的。在即將抵達桑耶青浦的路上，我從北京帶來的消炎藥快要吃完了，便血的情況雖然沒那麼嚇人，可病情一直也未見好轉。疲倦、迷茫的我充滿沮喪，看到路邊一個破舊的白色帳篷，鬼使神差地掀開門簾向內眺望。「欸，那是修行者的帳篷，不能隨便進。」後面同時發出幾個聲音。幾個西藏大學的學生出來旅遊，我們就這樣認識了。

帳篷裡沒有人，我長出一口氣，慶幸自己的冒失沒有打擾到主人。我和大學生們一起坐到附近的水轉經輪下啃麵包，順便聊了起來。麵包還沒吃完，有位喇嘛回來了，原來帳篷是他的。他不會說漢語，幾位學生朋友和他攀談，他邀請我們進帳篷坐坐。其實，帳篷裡每次只能進一個人，因為太小啦。

我進去的時候表情很是為難，因為完全聽不懂藏語，只能靠他的動作去理解。他讓我喝下一個小木碗裡黏稠的紅色液體，這並不像我想像的那麼難喝，有種不知名的藥味。我磕頭拜謝正要離去，他指著我的菩提念珠，示意我給他。我褪下已經有些髒和晦暗，甚至有些磨損的念珠，不知所以地交給他。他拿起幾大塊類似石頭的東西，半透明狀，有白色的、紅磚色的，在念珠上循環往復，嘴裡則念誦經文。

等我出來描述給新朋友，他們解釋說，那個木碗裡的應該是甘露法藥，是治病的；念珠可能需要淨化，那些「石頭」其實是聖山的鹽，應該產自喜馬拉雅山。原來如此！我竟然以這種方式和喜馬拉雅相見！

那次西藏之行，我朝拜了神聖的布達拉宮、桑耶青浦、雍布拉康、紮什倫布、岡仁波齊、納木錯、巴松錯，認識了很多難忘的朋友，也知道了喜馬拉雅的鹽是可以用來做淨化的。

當我們在尋求純淨的陽光、空氣和水之時，也在尋求純淨的身心，而純淨的鹽也終將成為我們尋求的一員。所以，當我在美國的超市看到喜馬拉雅那獨特的玫瑰色岩鹽，靈感便蜂擁而至。要知道在巴基斯坦當地的採鹽工廠，仍然是沿用傳統開採方法，禁止一切爆破手段。從採鹽、曬鹽、揀選到清潔也是零機械、全手工，連包裝用的布袋也是百分百棉製。當地人相信唯有用這種古老的做法，才可保存岩鹽中最多的天然能量，也就是喜馬拉雅強烈的陽光、上古的大海、綿延的高山的自然能量，他們相信這些能量能夠淨化身體的負能量。吃素，沒有高下的分別心，而利用最常使用的鹽去淨化自己，也許是我們在塵囂之中能做出的最好選擇了吧。

喜馬拉雅岩鹽煎口蘑（全素）

主料：鮮口蘑、鮮蘆筍

輔料：橄欖油

調料：喜馬拉雅岩鹽

做法：

1. 將鮮口蘑洗乾淨，去掉傘柄部位。
2. 鍋中倒水，在水中滴幾滴橄欖油，撒薄鹽，燒開後焯燙鮮蘆筍，撈出待用。
3. 平底鍋中倒入橄欖油，待油燒至七成熱時將口蘑逐一放入，先煎口蘑底部，等到口蘑表面微皺時，翻過來再煎一分鐘左右；口蘑中的水分會自動滲出，集中在口蘑傘心裡，千萬不要倒掉或翻轉口蘑，那可是極鮮的天然萃取蘑菇湯。
4. 在鍋內撒上現磨的喜馬拉雅岩鹽，即可出鍋。
5. 盤子裡用蘆筍平鋪打底，將煎好的口蘑放在上面，就可以開動啦。

壽司

為了保存食物而產生的美味

有一次我們和北京四季飯店義大利餐廳的米其林星級大廚 Aniello Turco 進行廚藝交流活動，聊天的時候發現他特別喜歡使用「發酵」技法。Aniello 認為發酵這種工藝，非常有意思，米發酵後，把它和發酵之後的肉放在一起，當作一種調味料，比醬油鹹，口味嘗來有點像火腿。他認為這是一個新的工藝，我告訴 Aniello，其實你這個辦法是中國漢朝就用過的。

中國古代為了保存食物，使用米作為發酵的媒介物，其產生的乳酸菌使新鮮食物不被有害的細菌侵蝕，從而達到保存食物的目的。這個辦法雖然後世用得不多了，但是卻保留了兩個古漢字：鮨和鮓。鮨指醃魚，泛指用稻米和少量食鹽醃製成略帶酸臭味的鹽魚。鮓有兩種意思，一種也指用鹽和紅麴醃的魚，另一種指用米粉、麵粉等加鹽和其他作料拌製的切碎的菜，也可以長期貯存。這兩個有兩千年歷史的古漢字，現在只在雲南少數民族口語中還有使用，但是在日本卻很常見——日本壽司的漢字書寫就是鮨和鮓。

壽司按做法可以分為三類：卷壽司、握壽司和箱壽司。區別是從做法來的。製作壽司，其實並不難，只是把米飯和各種配料加以組合，可是，很多事情，越簡單越是一種考驗。做壽司，有幾個關鍵之處：一是米飯不能太軟，不能發黏，可是又不能無法黏連。所以選的米一定是長而細的秈米，很多名聲甚佳的大米反而不適合做壽司，這和品質無關，只是不對路罷了。二是米飯裡要淋壽司醋，要趁米飯熱的時候，這樣醋和飯才能融合。第三，做壽司用生魚片、黃瓜條。黃瓜條一定要用鹽搓，去除部分水分，這樣能讓壽司不散團。

所有原料都準備好，用小竹簾子，鋪上紫菜皮或者蛋餅等，然後鋪開米飯，中間隨意放置黃瓜條、漬蘿蔔、蘆筍之類的配料，捲起來，切成小段，就是卷壽司；慢慢把米飯握成你想要的三角形、四角形，蓋上生魚片的，就是握壽司。箱壽司中規中矩一些，要使用模具，把各式配料放在小木盒裡加蓋壓好，然後把木盒壽司抽出切成小塊即成。

素壽司（蔥、蒜）

主料：壽司米

輔料：蜂蜜、大蒜、老豆腐、紫菜海苔整張、黃瓜、酪梨、胡蘿蔔

調料：醬油、米醋

做法：

1. 大蒜切末；老豆腐、黃瓜、酪梨、胡蘿蔔都切成小條。
2. 壽司米加水浸泡三十分鐘後放進電鍋內煮熟。
3. 將醬油、蜂蜜和大蒜末混合均勻，加入豆腐條輕拌，至少醃三十分鐘。
4. 煮好的米飯趁熱加入米醋拌勻。
5. 把一張紫菜海苔放在製作壽司用的竹簾上，將手稍稍濕潤一下，取適量米飯均勻

鋪一薄層在紫菜海苔上。放上豆腐條，再緊挨著豆腐條放兩根黃瓜條在米飯上。之後再排放酪梨條和胡蘿蔔條在米飯層上。

6. 將紫菜海苔頂端邊緣略濕一下。先將壽司卷底部捲緊；然後捲動壽司卷從底部往頂部邊緣，在捲的同時，抓緊竹席，在竹簾的幫助下，將整條壽司卷捲緊。

7. 將做好的壽司卷用鋸齒刀切成二點五公分厚的圓片，即可擺盤。搭配青芥末和醬油食用。

藜麥

古印加的能量

我小時候愛看《丁丁歷險記》，和知名度較高的《藍蓮花》不同，我印象最深的反而是《太陽神的囚徒》，對印加文明、太陽神記憶尤其深刻。至今我對印加文明還是很有興趣，加上做了餐飲業這一行，也比較關注印第安的食物。

印第安的食物裡，永遠繞不開藜麥。當地的土著對藜麥充滿了敬畏，他們認為自己不生病，是因為吃祖先傳下來的藜麥。早在古印加文明興盛時期，藜麥已經成為古印加民族的主要食物之一，據說在標高四千公尺以上空氣稀薄的山區，食用藜麥的信使能連續二十四小時接力傳遞二四〇公里，這不能不說是一個奇跡。古印加軍隊的戰鬥糧食是藜麥和油脂裹成的藜麥丸，戰士們靠它鑄就了強盛的古印加黃金帝國。

從古至今，藜麥還被用於治病，治療疼痛、炎症以及骨折等內傷，如今當地的一些田徑運動員仍然使用一種與藜麥有關的古老方法來提高運動成績。藜麥不僅為古印加人民提供營養，而且被稱為「糧食之母」，是祭奠太陽神及舉行各種大型活動必備的貢品，每年的種植季節都是由在位的帝王用特製的黃金鏟子播下第一粒種子。

西班牙殖民者入侵南美洲後，實行了禁止種植藜麥的制度，對於違反者最重可實行死刑。一種植物帶有了文化統治的意味，可想而知，這絕不僅僅是一種用來果腹的食物。儘管如此，藜麥還是在邊遠山區延續種植至今。到了今天，美國太空總署認為藜麥的營養與人體的需求結構最為接近，也特別適合長期在太空中飛行的太空人，所以太空總署將藜麥列為人類未來移民外太空理想的「太空糧食」。聯合國糧食及農業組織（FAO）也推薦藜麥為最適宜人類的完美「全營養食品」，列為全球十大健康營養食品之一。

我不太希望神化任何一種食物。藜麥屬於藜科植物，一般人很難想到菠菜和甜菜居然也是藜科的。我們日常食用的穀物糧食例如小麥、稻米、玉米、高粱等基本都屬於禾本科。藜麥比禾本科的植物營養更為豐富，但藜麥的產量極低，根本無法支撐人類的大量食用需求。所以，能吃到藜麥的時候，就請認真地品味吧。

藜麥燴飯（蛋、奶、蔥、蒜）

主料： 藜麥

輔料： 洋蔥、白蘿蔔、胡蘿蔔、甜豆、番茄、芹菜、馬斯卡彭乳酪、帕瑪森乳酪

調料： 鹽、奶油、薑、白胡椒

做法：

1. 把洋蔥、白蘿蔔、胡蘿蔔、芹菜和番茄洗淨切成丁，將甜豆迅速焯燙一下，薑去皮切碎。
2. 在熱鍋中融化些許奶油，放入切成丁的洋蔥、白蘿蔔、胡蘿蔔、芹菜、番茄和薑末，大火炒煮出水分，大約三分鐘後再加入鹽和白胡椒調味。
3. 放入藜麥和甜豆，燴煮約三分鐘。
4. 加入水，中火加蓋慢煮十五分鐘左右。
5. 當藜麥煮熟後加入馬斯卡彭乳酪。可試一下味道，這時增加一些鹽和白胡椒。
6. 將燴好的藜麥盛於盤中，在上面撒上些帕瑪森乳酪，趁熱享用。

肆

禪心與茶

羅漢大燴菜

尋緣

山西的五台山和四川的峨眉山、安徽的九華山、浙江的普陀山並稱「中國佛教四大名山」。其實在國際上，五台山也很有名，它與尼泊爾藍毗尼花園、印度鹿野苑、印度菩提伽耶、印度拘尸那羅並稱為世界五大佛教聖地。而我和佛教的緣分，也是從這裡開始的。

太原每年夏天照例有十幾天體感溫度是要超過四十度的，覺得熱得太辛苦的時候，我們全家就去五台山。當年從太原坐車到五台山，不過四、五個小時，景區的消費也還沒像後來這般亂，是避暑的不錯選擇。

我們去五台山很多次，然而那時並沒有宗教的概念，只是單純避暑。五台山還有個稱呼叫作「清涼勝境」，七、八月份太原氣溫在三十四～三十五度的時候，這裡氣溫在二十四～二十五度。更有甚者，我記得有一年去爬北台葉鬥峰，山頂上還在下雪，穿著軍大衣還是凍得渾身發抖。

初中一年級的暑假，我們去五台山，住在塔院寺的附近，就是五台山的標誌——大白塔的那座寺廟。有一天，側殿不開放，遊人從門外魚貫而行，可以看見殿裡動靜。應該是進行比較重要的法事活動，中間升起了法座，有位老法師坐在上面。我看了一眼，遊人比較多，就往前走了。沒走多遠，小沙彌追上來叫我，也沒聽懂說啥，反正跟著就進殿了。

印象裡彷彿也沒跪，可能是腦子還有點迷糊，只記得老法師招手讓我走近一點，然後把金剛鈴整個扣我頭頂上，開始念經文，旁邊的僧人們也跟著念。不知道過了多久，彎著腰的我有點睏，頭部也有點刺痛，不由自主抬了抬頭，老法師便把金剛鈴拿開了。之後小沙彌帶我出殿，然後他一轉身就回去了。而還搞不清楚狀況的我，繼續逛廟。現在回想起來，那是給我一個人的法器灌頂啊！感恩這位後來我才知道的寂度老法師。

記得最清楚的反而是廟裡的素齋，我對佛教的威儀是從那個時候有了感受的。那天本來是逛累了，正好聞見飯菜香味，就跟著去吃素了。每人發兩個大粗碗，一個打飯，一個盛菜。僧人們是排在前面的，一百多個僧人，飯堂裡卻是鴉雀無聲。他們打飯也不說話，拿著筷子往碗裡一劃，負責打飯的師傅就給你盛到那個位置。我看了一下，不論著什麼僧服的，反正都是一個菜，就是山西的大燴菜，而且沒有肉。我吃了一口，比想像中的要香，什麼蔬菜就是什麼蔬菜的味道，而且馬鈴薯燒得很爛很有滋味，我吃得開心很想再去盛一碗。正扭頭，看見一位僧人可能低聲說了句話，旁邊的人還沒反應，說話的僧人背上已經被打了一棍子。我聽說廟裡是有鐵棍僧人的，就是僧人犯了錯要被打的執法者。我也不知道那是不是鐵的棍子，反正挺粗，顏色也深，當時嚇得就不餓了。

再後來，我自己做過很多次大燴菜，加肉的、不加肉的，總是覺得沒有那次吃的香。但我和佛教的緣分，就這樣開始了。

羅漢大燴菜（蔥、蒜）

主料：馬鈴薯、番茄、大白菜、豆腐

輔料：蘑菇、粉條

調料：花生油、花椒、薑片、八角、醬油、蔥花

做法：

1. 將所有的菜洗好備用。
2. 豆腐切長條塊，馬鈴薯切滾刀塊，番茄切小塊，大白菜切條，菜葉略大一點，置盤備用。
3. 鐵鍋內放油，燒至微起青煙下入八角、薑片、花椒，炒到略焦。
4. 將馬鈴薯塊放入鍋中，翻炒一會兒，加醬油、水，要淹沒馬鈴薯塊，大火煮。

5. 水開後將豆腐塊、蘑菇入鍋，以慢火燉一會兒。

6. 待馬鈴薯表面糊化的時候，將白菜條和番茄塊放入鍋中。

7. 白菜出水後，在鍋中食材中間用炒勺弄出一個窩，放入粉條。

8. 粉條煮熟後撒上蔥花即可出鍋。

注意：醬油可以多放，大燴菜著色棕紅，來源於醬油。

食客

素菜和茶天生相配，都是味覺的藝術，都是不斷地找尋。遇到棣空間的蔬食和李韜老師的茶，都是幸福的。

——黃子益（益和軒茶修學堂董事長）

辣炒豆腐乾

坦誠相見

我在佛學上的另外一位師父是通賢法師。他少年出家，中國佛學院研究生畢業。我們蔬食空間的員工對法師最直觀的印象是——法師好喜歡吃辣啊！師父是江蘇人，家鄉靠海，按道理吃飯口味清淡才對啊。結果有一次，我們給師父上了一道小蜜豆炒冬筍，師父說，太淡了，簡直沒什麼味。下一次換了油燜筍，就好多了。水煮宮廷蠶豆，又是辣椒又是花椒還是滾油浸燙，師父卻很愛吃。

通賢法師有三點好。第一是他從來沒有生氣著急過。師父少年出家，又是家中獨子，父母是不能不管的，出家後世俗之事反而更為麻煩。他又是佛學院本科班的班主任，還要兼任佛教協會刊物的文稿整理工作，事務不可謂不多，但是我確實從來沒有見過他著急，更沒有見過他發脾氣。第二點是他確實對我好。我身體但凡有毛病，師父總要問一問，送些對症的藥；我過生日，自己雖不怎麼在乎，師父一定會送字畫等精心挑選的禮物；大的法事，比如浴佛節、參拜佛牙舍利，師父一定要問我的時間，帶我去培植福田；我去廟裡看他，他會招呼午飯、茶水，我基本插不上手，同修都說師父把我慣壞了。第三點，師父的心性很是單純，你覺得他人情練達，實際上很多事情上，他想得很簡單，於一些人情世故並不多想，我有的時候會犯戒調侃他（在家人不得妄議出家人），他一般都無奈地搖搖頭，也不多解釋。

有一次，我們師徒倆去馬連道茶葉城辦事，結果師父碰見不少熟人，其中還有不少是他的弟子，介紹了一下，我直接鬱悶了。我問師父：「我是你所有弟子裡最窮的嗎？」師父回答說：「嗯，可能是。」他馬上停了一分鐘認真想了想，很肯定地告訴我：「還真是……」

我覺得我必須吃點飯壓壓驚，找了一家江西飯館吃飯。本來說點井岡山豆皮，師父說還不夠辣，直接點辣椒炒豆干吧。我一吃，還真是很有味的，沒有用蔥熗鍋，也沒放鮮蒜，就是簡簡單單的青辣椒和豆腐乾，炒得火候到位，沒想到味道還真好，我鬱悶的心情好過多了。

我信奉佛教，但依照我的本性，可能很難有所成就。能遇到師父，也是我的福報，他吃飯口味雖然重，卻是簡單中見真味，而對人也總是坦誠相待，我每次看見他都起歡喜心。

辣炒豆腐乾（全素）

主料：豆腐乾（質感綿密一些的更好）

輔料：青辣椒

調料：植物油、鹽

做法：

1. 豆腐乾切條；青辣椒切細長絲。
2. 熱鍋涼油，微起青煙，爆炒青辣椒絲。
3. 倒入豆腐乾條翻炒，略撒一點鹽即可出鍋。
4. 若不是吃淨素的人，可以改用蔥花熗鍋；另外出鍋時撒入鮮蒜末，味道層次將更為豐富。

白茶

心中慰藉，愈久彌香

在福建福鼎，人們採摘了細嫩、葉背多白茸毛的芽葉，不炒不揉，單純用陽光曬乾，如果天氣不好，就耐心地用文火烘乾，把茶葉的白茸毛完整地保留下來，也成就了最為純真的銀白和帶著青澀的草香，這就是白茶。

白茶中最漂亮的，還是白毫銀針和白牡丹。頂級的白毫銀針，滿覆銀毫，又比較粗壯挺拔，好像充滿力量的肌肉；而白牡丹會在白毫下隱隱有綠色露出，仿若白紗下面浮動著綠色的裙裾。最常見的當然是貢眉和壽眉。貢眉要比壽眉等級略高一些，不過基本區別不大。貢眉和壽眉都是採摘菜茶（福建茶區對一般灌木茶樹之別稱）品種的短小芽片和大白茶片葉製成的白茶，以前叫作「三角片」，仿若枯葉蝶，葉片比較薄，有著秋天落葉的斑斕的顏色。

白茶存放時間越長，藥用價值越高，有「一年茶、三年藥、七年寶」之說，一般五、六年的白茶就可算老白茶，十幾二十年的老白茶已經非常難得。白茶因為火氣較小，一直作為下火涼血之用。新白茶的草葉氣仿若杏花初開，而隨著年份增長，香氣成分逐漸揮發，湯色逐漸變紅，滋味變得醇和，茶性也逐漸由涼轉溫，泡好的老白茶會有棗香或者藥香發散出來，聞著就讓人舒緩和放鬆。

茶是中國人最早的「藥」，古代那些羈旅的人或奔波於旅途的人，在歇息的片刻，會從藤箱或者背包裡拿出隨身的一小包茶葉，用山泉水煮了或沖泡，茶香就充斥了那一小片空間，飲用的人發出一聲輕歎，一種來自內心的舒爽。在這舒爽之中，那些初期的病痛也慢慢抽離出去，與懷念故鄉的水氣一起升上高空，變

● 貢眉

● 壽眉

● 白牡丹

● 白毫銀針

成繚繞在山間的雲霧。而飲茶人的目光伴隨著這些雲霧，穿透層疊的山巒、溪谷，看到春天柔韌扭轉的紫藤、夏天陪伴翠鳥的紅蓮、秋天隱逸在竹籬旁的金菊、冬天襯著白雪的蠟梅，因而有了中國畫穿越時空的美，糅合了遠山近水、四時花卉，絲毫不突兀，因為那是藏在內心的種種美好。

這種美好裡誰能說沒有散發著縷縷茶香呢？茶這種「藥」，不僅醫治身體，更加治癒心靈，一個是治療，一個是參悟。不論東方的大道，還是西來的佛法，中國文化的種種，都籠罩在這茶香之中，讓人頓悟或者長思。

茶在中國古代，曾被認為難以離開舊土，因此還有一個名字叫作「不遷」。可是它卻溫暖了旅人的手，明亮了他們的眼，並且跟著他們，從雲南走到四川，又沿著長江去了湖南湖北，更慢慢出現在了福建、江蘇、廣東、浙江……茶的寶貴，在於它穿過漫長的歷史通道，給了我們真實而長久的慰藉，並且愈久彌香。

六堡茶

找了二十年的檳榔香

細思這麼多年，我一直沒有系統地學過茶，然而對茶，我也沒什麼可抱怨的。有無數個瞬間，我與茶相會，體味著它們蘊含的光陰的伏藏。不論一年、十年抑或三十年、一百年，我和茶的緣分能夠跨越空間和時間，在宙極大荒、紅塵萬事中演繹充滿感激的幻夢。

我喝六堡茶少，不是因為不喜歡，而是一直心存疑惑：書上介紹六堡茶的「檳榔香」，我怎麼一直沒喝到過？雖然我也不怎麼吃檳榔，但對檳榔那種味道和感覺還是有印象的，為何在六堡茶裡卻從未喝到？是哪裡出了問題呢？後來小兄弟羅世寧送了一些陳化了十幾年的

老六堡給我，感覺口感醇和，但是彷彿更像熟普洱陳化後的味道，也沒嘗出檳榔香。後來工作一忙，也就沒顧上再品，卻對此一直耿耿於懷。

按這兩年流行的說法，「念念不忘，必有迴響」。一、兩個月後，茶人柴奇彤老師送了我一些十年六堡老茶婆和三十年六堡茶的茶樣，並向我大略講述了六堡茶的傳統製作工藝，我於是感到這次可能摸對門了。不久後，抽了個時間，沒敢先泡三十年的，先泡老茶婆。也沒敢多放，結果茶湯一出來，我就知道淡了，沒太感受出六堡茶濃醇的味道。又過了一段時間，帶著破釜沉舟、背水一戰的悲壯，決定還是把三十年的老六堡泡了，置茶量也大，雖然不捨得，但「不成功便成仁」，就這麼定了。

忐忑地沖泡，茶湯一出來，是紅濃明亮的感覺，飄著霧氣，當時我眼睛就濕潤了。戰戰兢兢又滿懷期待地喝一口，嗯，初入口的參香還是像普洱茶，可是馬上就彌散開來，這會兒的味道有木香、陳香，甚至還有一點點煙味、土腥氣，我放下茶盞，靜默一下。就在這時，喉頭湧起一陣一陣的涼意，並且下沉往復，不斷迴旋，久久不散。檳榔香、檳榔香！我找了二十年的檳榔香，原來不是香，是這喉頭裡凜冽、清涼的感受！我覺得心裡一下子通透了，彷彿武林高手多年的練功瓶頸被一朝打破般的喜悅，差點「手之、舞之、足之、蹈之」，馬上發了一條訊息給柴老師，告訴她：「這茶，好得不得了。」在這個時候，什麼形容詞都是蒼白的，我只能這麼直白地表達自己的喜悅。

回顧一下六堡茶，它的確是不尋常的茶類。六堡茶，顧名思義，產自廣西梧州市蒼梧縣六堡鎮，又以塘坪、不倚、四柳等村落產的茶最好、最為正宗。當然，這些年六堡茶名氣漸漸為外人知，六堡茶生產不得已尋找外界原料，凌雲縣、金田縣、玉平縣等都生產六堡茶或供應原料茶。其實這個「為外人知」也不準確，六堡茶在東南亞一直是聲名赫赫的。

不過，我想也許在農家，六堡茶是一直延續的，因為它是六堡鎮家家戶戶的必需品。傳統的六堡茶製作，就是茶農採摘山間的茶樹，都是相對比較粗老的鮮葉，茶梗也很硬，需要在鍋裡用熱水燙一下再撈出，稱之為「撈青」。之後就是攤涼，溫度降下來後才可以開始揉撚，然後放到鍋裡炒，主要是帶走一部分水分，不會特別乾燥。趁軟直接塞進大葫蘆裡或竹簍子裡，壓緊匝實，直接就掛在廚房閣樓裡，下面就是灶台，燒柴火煙燻火燎，做飯水氣蒸騰，水濕—煙燻—乾燥循環往復，最終慢慢乾燥，同時後期陳化發酵，成就了六堡茶的一段傳奇。這種做法，直接決定了六堡茶不是喝新茶的，而是喝舊有的、已經乾燥了的。

當六堡茶的需求量大增之後，不僅原料茶不再夠用，連製作工藝也無法維持傳統，必須使用大批量茶青在發酵池裡「漚堆」。這是一種類似於普洱茶熟茶「渥堆」的工藝，這種工藝在六堡茶的應用上不超過二十年。但這種奪時間造化的做法，有幾個問題：一是它的原料茶其實已經是綠茶了，而是用一個品類的成品茶來製作另一個品類的茶；第二就是它缺乏製作工藝中的循環往復，是一路發酵下去。這樣的茶，新茶也是可以喝的，入口綿軟，紅濃醇和，但是細細品嘗，它缺乏傳統原料茶按傳統工藝製作的那種特有的細膩。這種細膩，不是枯寂了無生氣，而是絢爛到極致的那種淡然；不是不經世事的無知無感，而是世事洞明的不動如山。老六堡茶的氣質雖然內斂，卻依舊充滿了蓬勃的生命萌動。

〖散六堡〗

白芽奇蘭

一場相遇

不到十歲的時候，曾經喝過長條小紙盒裝的安溪鐵觀音，印象裡應該是棕褐色，好像也不是球形，是蜷曲的條索狀，具體味道不記得了，然而就是覺得好喝得不得了，覺得這名字貼切，觀音甘露啊，也就是如此吧？

長到二十多歲，北方不再是茉莉花茶和綠茶的天下，甚至出差到中原的鄭州，看到茶城裡鐵觀音絕對是占了半壁江山。然而，這樣的鐵觀音，我不喜歡。那是青翠的球狀茶葉，聞起來還是青草的氣息，既不明媚也不穩重，喝到嘴裡是輕浮的香氣。也許不怪鐵觀音，因為市場上充斥的是來自台灣的輕發酵烏龍，而據說客人是喜歡這青翠的色澤、高揚的香氣。

我曾經和茶圈子裡著名的茶人王平年兄探討過鐵觀音的問題。他認為問題的重點在於茶園的冒進、生態的紊亂，我們已經不能提供好的地力反映出鐵觀音最原始的能量。我的偏執在於憤怒鐵觀音拋棄了傳統的工藝，輕發酵、不焙火或者輕焙火，造成了茶湯質感的全面退化。我也清楚自己有些片面，把原因過分糾結在這一點上。其實任何一個茶品，都是品種（香）和工藝（香）的結合，甚至原料因素占比要大一些。但是從大的茶區來看，鐵觀音的這一做法不僅影響了它自己，連帶永春佛手、黃金桂等也受到了影響。莫非世人忘了真正的幸福總在苦難歷練之後，真正的觀音韻、佛手香也是在焙火之後，才真正地顯現啊。

受鐵觀音影響的還有白芽奇蘭。我在洛杉磯出差，老華僑神秘地給我一泡茶葉，還告訴我是真正的好茶，說我肯定沒喝過。我如獲珍寶，專門休假一天品飲。開湯一嘗，原料不錯，工藝太差，可惜了這泡白芽奇蘭。白芽奇蘭以前一直是作為色種，拼配在鐵觀音之中，它有特殊而持久的蘭花般香氣，讓觀音韻充滿奇妙的層次感。它的定名時間也比較晚，有說是一九八一年的，但比較穩妥的時間是一九九〇年之後，茶雖然也受輕發酵影響，但畢竟不多，而且老茶人不太看所謂的「市場」，還是堅持傳統技術，所以我反而更喜歡傳統工藝製作的白芽奇蘭。

白芽奇蘭的原產地是福建平和。當地本土茶樹製茶，都呈蘭香一脈，故曰「奇蘭」，又分早奇蘭、晚奇蘭、竹葉奇蘭、金邊奇蘭等小品種。而一種芽梢呈白綠色的奇蘭，就被定名為「白芽奇蘭」。平和是琯溪蜜柚的原產地，果樹和茶樹共生的美景，確實養眼養心。在平和縣葛竹山麓的梅潭河發源的奇蘭之香，流到了另一個名茶之鄉——廣東梅州的大埔，最終融入了那裡同樣生長的茶樹裡，成為我案頭這罐白芽奇蘭的一部分。

偶然的機會，得到一批白芽奇蘭，已經陳放了至少五年。第一泡，我稍微放輕了沖泡手法，但是沒有降低水溫，不到十秒就已出湯。沒有火味，卻有仍然活潑的蘭香，嘗一口，茶湯尚淡，可是我知道這香氣是有根的。可以高沖了，也不用增加浸泡時間，一般都在二十秒左右出湯，湯質非常穩定，直到第六、第七泡時才出現了隱藏的火功之氣，第九、第十泡轉淡，尾水的顏色仍是明亮的黃，有甜潤微酸的氣息。

沒有經歷過繁華的質樸，不是單純而是簡單；沒有絢爛的歷程得來的平淡，那是寡淡。這陳年的白芽奇蘭，正在絢爛和平淡之間，兩者皆有，卻是難得的茶緣啊。

鐵觀音

似從前，觀音韻

寒露前後，是秋觀音採製的高峰期，好友羅妮便去安溪訪茶了。我心裡是想去的，然而又明白不太可能——我的主職工作沒有大塊自由安排的時間。後來看到了她發表在公眾平臺上的文章，和我預想的一樣，對於鐵觀音，那是苦樂交織的。苦就苦在，鐵觀音近年來喪失了自己的特色，甚至拋棄了「半發酵」這個立身根本，一路向綠茶化而去；樂卻樂在找到一批同道中人，正在為恢復傳統鐵觀音而努力。

鐵觀音是半發酵的茶，半發酵的意思是酶促氧化反應比綠茶多而又未到紅茶的程度，那是一種高超而奇妙的平衡。早先我還喝過紙盒裝的低檔鐵觀音，可是在山西也不易見到，那還是類似棕褐色的乾茶，球形也不那麼圓潤，有點條索蜷曲成圓的感覺，浸泡的茶湯是黃褐色，香氣濃郁而雅致。

後來的鐵觀音受台灣茶的影響，輕發酵又基本不焙火，追求所謂的蘭花香和青湯青葉。我喝了，真心不喜歡。鐵觀音特殊的層次、豐富的香氣用語言難以描摹，那是被尊稱為「觀音韻」的。而後來的鐵觀音追求所謂的蘭花香也不是蘭花香。蘭花香是變幻的香氣層次，在某些時候散發出類似山間野蘭的山嵐之氣。除了氣味，嘗了幾次，都以拉肚子而告終。

從二〇一三年以後，我已經明顯感覺到身邊的人都不怎麼喝鐵觀音了。是鐵觀音過氣了，還是其他原因？一瞭解，都是說，鐵觀音沒韻味，拉肚子，胃寒。

再一瞭解產地狀況，除了所謂的品牌公司，茶農普遍的狀況是，有時候鐵觀音毛茶每千克八、九十塊都無人問津。

我覺得關於鐵觀音，必須明確一個思想，那就是：鐵觀音的自然韻味，來自於合乎傳統的精細加工。我不是一個「唯傳統」的人，然而改變傳統必須有更好的理由和結果。誠然一棵茶樹可以製成任何茶類，但是我們應該明白鐵觀音是最適合製烏龍茶的。烏龍茶的基本內涵就是「半發酵」。半發酵的特徵對於鐵觀音來說就是乾茶「蜻蜓頭、蛤蟆背、田螺尾」，湯色「琥珀金」，葉底「綠葉紅鑲邊、三紅七綠」。香氣複合、高妙，有底蘊，湯中含香，香不輕浮。我們不能在短期經濟利益的迷霧中自亂陣腳，而是要把守一種「中庸」，把鐵觀音尋找回來。

這「中庸」之意既是要恢復茶的傳統製法，回歸鐵觀音「柴米油鹽醬醋茶」的生活性；也要思索茶產業與自然生態的聯結，深化整個產業鏈（茶莊園、茶旅遊、茶健康、茶護膚等），而不是在茶本身上折騰不休。

我不是製茶的人，然而，就我對鐵觀音的瞭解，我覺得這個傳統工藝就是「搖青到位，充足發酵，及時殺青，適當烘焙」。鐵觀音的製作工藝，大致上應該包括：採摘、做青、發酵、殺青、包揉、焙火。採摘鮮葉，露水散盡即可，然而中午十二點到下午兩點間最好，此時光合作用最為活躍，採摘的鮮葉稱為「午青」。鮮葉要均勻、蓬鬆地放在茶簍或者茶袋中。接下來做青分為三步：曬青、涼青、搖青。曬青最好使用日光萎凋，之後攤晾、走水，再搖青以達到茶葉邊緣破碎、茶汁披覆，強化酶促氧化反應，形成香味體系。

搖青通常四次：一次搖青茶菁均勻，二次搖青水分合適，三次搖青為了香醇，四次搖青形成觀音韻。但這個看青做青，具體狀況不同，次數不同、手法不同。手法不同，香氣不同。做青後，給一段時間讓茶菁發酵，發酵應該充足。不是渥堆發酵，渥堆更多的是厭氧菌群參與發酵，而鐵觀音需要氧氣充足的氧化反應。發酵到一定程度，鐵觀音內質醇厚了，及時殺青，透過炒鍋高溫炒製，終止酶的活性，終止氧化反應，香味基本定型。之後揉撚做鐵觀音的外形，用布袋包揉，揉後打散複揉五次以上。之後用電箱或者炭籠，初烘、複焙與包揉交替三次。

及時殺青，讓鐵觀音不向紅茶而去，焙火是外因，促進內質形成了最終的綜合韻味。這種鐵鍋殺青、炭火烘焙、茶菁參與、水分變化形成的金、木、水、火的神奇變化，最終形成「觀音韻」。

現在，鐵觀音的「小五行」裡，缺「土」。土就是它生長的土地。我們曾經把土地當成我們的附庸，用化肥、農藥等去無節制索取。實際上，人和茶一樣，都是土地的一部分而已，你對土地不好，茶就不好了，茶不好，人自然也不好了。我從好友羅妮拍攝的照片上看到，安溪茶園的土地很多直接裸露，山峽中只看見一層一層的茶樹，其他的植被很少。即使是茶樹，老的也不多。因為新茶樹的草葉香會更大，三到四年的茶樹即被淘汰，換成新樹。如此循環往復：生態破壞、地力透支，茶的內質自然越來越差。

值得欣慰的是，羅妮去安溪還是訪到了一些好茶。我嘗了張碧輝老師的焙火鐵觀音。張碧輝老師提倡自然生產，堅持恢復地力和使用傳統的鐵觀音工藝。帶回來的鐵觀音，香氣雅致，入口溫潤，茶湯穩重，可這韻味還是有差，乾茶沒有白霜，葉底紅斑少見。揉了揉葉底，彈性已經比一般鐵觀音好，然而仍然削薄。這也是地力不夠帶來的影響吧。

土地的傷口豈能那麼容易撫平？然而畢竟已經有人在努力嘗試修復。從這個意義上來說，要向真正的愛茶人致敬。也許找到傳統鐵觀音的滋味還需要十年、二十年，但是畢竟我們都已經在路上。總有一天，我們會找回鐵觀音。

● 炭焙鐵觀音

● 傳統鐵觀音

● 台灣烏龍茶

● 綠葉鑲紅邊

煙正山小種

桐木關的煙雲，心間留美

紅茶是世界上飲用最廣泛的茶類之一，英國貴婦的下午茶也基本是紅茶。我最初印象深刻的紅茶是大吉嶺初摘和次摘，初摘的大吉嶺茶確實有幼嫩的滋味，然而整體感覺比較單薄，茶氣不強，也不持久。次摘的大吉嶺茶表現就很豐富，風情萬種，富於變化。

在中國，紅茶擁有很多女性粉絲，不少民眾甚至認為紅茶是女人茶。某一年茶友們做紅茶品鑑專題，我嘗到了不少好茶，對紅茶的印象有了很大轉變。

喜不喜歡一款茶，會有一些綜合的原因，而過於講究茶菁細嫩，實際上很容易陷入偏頗。我的想法是：一來過於細嫩的茶菁累積內容物是不夠的；二來呢，因為製茶，不僅要有好的原料，還要有認真如法的工藝。還有一方面，如果茶芽採摘過甚，還是容易損傷茶樹。而佛教徒會有樸素的自然平衡思想——自己的「福德」應該和享受相匹配。一斤茶葉動輒幾萬個芽頭，鮮則鮮矣，德不配位，豈可安心？

我自己非常喜歡的是一級、二級的煙正山小種。「正山」開始大約是指高山，因為高山出好茶；也有標榜的作用，正山小種特指武夷山桐木關一帶產的紅茶。其他區域，例如政和、福安等地也有仿製，但是算不得正山，只能叫「小種」。

煙正山小種在國外，最早曾被叫作「武夷茶」，是武夷山的代表，因為乾茶烏黑油潤，所以也叫「烏茶」，英文翻譯為「black tea」，直譯就是「黑茶」的意思。而在英文裡，「red tea」指的是非洲的Rooibos，一種紅色的灌木碎，是一種非茶之茶。我們說煙正山小種是世界紅茶的鼻祖，你看，它被賜予了紅茶英文名字——black tea。

關鍵還在於一個「煙」字。正山小種早期在國外還被叫過「燻茶」，煙燻過的茶。以前武夷山桐木關一帶植被豐富，馬尾松也很多，但是傳統上來說，松木不作為傢俱等的用材，只能燒火了。所以正山小種初製和精製都要用松煙燻，一定是帶煙味的。到了現代，又出現了不帶煙味的品種，所以為了區別，才有了「煙正山小種」這個稱謂。

廣為流傳的傳說裡，煙正山小種的起源本是個意外，關於這個傳說我總笑笑，確實，有煙無煙也許並不是個標準，只是個人喜好罷了。但是，這個意外即使是個錯誤，它也已經美麗了幾百年了。而今，要想喝到合心意的煙正山小種實在是太難得了！好的小種茶，生長在海拔一千兩百到一千五百公尺的茶園，雲霧蒸騰，被松竹環抱。要用春天的開山茶，傳統工藝發酵，再用馬尾松和松香認真地燻製、乾燥，讓松煙「吃進」茶裡，成為一體。所以好的煙正山小種，絕不是一味的柔，它是一款有山氣的茶，柔中帶剛，是高山上磅礴浪湧的山嵐。放置三年以上的煙正山小種，煙氣仍然強勁，不過會慢慢轉化為乾果香，成為一種悠遠綿長的韻味。

曾經托人找了很久，終於找到一款不錯的煙正山小種，有高山的氣韻，也很耐泡，可是香味沒有那麼持久，不能做到層次豐富，並非在松煙的變幻中茶質慢慢溢出，而是煙氣退失很快。忍不住問了，答道：茶是不錯的，可是山上的松木已經不讓用了，都是外面的松樹運進來燻的。

也罷，那曾經的終將是曾經的，往事不可追，卻是永留心間的美好。

下午茶

十六點鐘開始的優雅

一六六二年，凱薩琳公主出嫁時，私人嫁妝中就有茶葉；一七〇二年，安妮女王在宮廷宴會上放棄價值不菲的葡萄酒，只喝自己杯中的紅茶，這高傲的「以茶代酒」，讓貴族們迅速折服於茶的魅力之中；一八四〇年，維多利亞時期，下午茶開始興起，每到下午四點，貴婦們放棄一切而必須進行的下午茶時間，充滿了優雅和浪漫。一切都是那麼的自然而然……

二〇一四年，我在美國先後度過了六個半月的時光，有限的休息日裡，自然不能放棄感受下午茶的機會。尤其是和新認識的朋友們相聚時，下午茶是個不錯的、泛眾的選擇。

在英聯邦輝煌的時代，茶葉成為貴族重要的生活內容，並隨之向歐洲其他國家和美洲傳播。時至今日，下午茶已經不是女性的專屬，而是慢生活的重要方式。慢生活，為生命的自我修復、自我滋養提供了通路，下午茶更是為它提供了茶香和能量。

完備的英式下午茶，包括茶、小食和器皿三大部分。

首先當然還是茶。英國的茶文化更多的是紅茶文化，往往來源於中國紅茶，例如祁門紅，但是印度大吉嶺紅茶和斯里蘭卡的錫蘭紅茶也後來居上。英國人自己喝茶，很少清飲，除了加糖、加奶、加蜂蜜之外，也有很多調配茶，最知名的當然就是格雷伯爵紅茶——以上好的祁門紅加上佛手柑香精調配而成。紅茶尤其是加了牛奶和糖的紅茶，更適合女性，我往往選擇其他的茶品。現在，英式下午茶的茶品種也豐富起來，武夷岩茶、熟普洱、中國綠茶、日本綠茶、薰衣草茶等調配茶都屬於常見品相。除此以外，查理王子綠茶也是不錯的選擇，是以珠狀綠茶加上杧果香精調配而成。而這種珠狀的綠茶，因為類似獵槍的散彈，在英國被稱為「火藥綠茶」。

有鑑於下午茶的實用主義，喝茶是基礎，但不是最主要的。主要的是吃。傳統英式下午茶分量很小，英國人稱為finger food（手指餐），但是實際上，還是要借助一些餐具，比如奶油刀、叉子和勺子。英式下午茶最特別的是三層點心架和上面的小食。通常第一層放置鹹味的各式三明治，如火腿、乳酪、鮪魚泥等口味，第二層和第三層則擺著甜點。一般而言，第二層多放有草莓塔、檸檬乳酪蛋糕和司康（scone），這是英式下午茶必備的，其他如泡芙、餅乾或巧克力，則由主人隨心搭配。第三層的甜點沒有固定放什麼，也是主人選放適合的點心，一般為蛋糕及水果塔。

在小食裡，我最愛的是司康。相較於其他花哨的甜點，司康餅的純手工製作，更容易帶給顧客感動的味道，搭配店家自製的茶醬與奶油，淳樸英式鄉村風情撲面而來。吃司康一定要有茶醬和奶油。茶醬說簡單點，就是用茶水和果乾熬成的果醬，而奶油要打發成鬆軟的奶油泡。吃司康的時候，先塗一些茶醬，再塗奶油，吃完一口，再塗下一口。

除了小食用的三層架，英式下午茶還有一套講究的器皿。包括瓷器茶壺（兩人壺、四人壺或六人壺，視招待客人的數量而定），濾網球及放濾網球的小碟子，描金或者畫有玫瑰的骨瓷茶杯和碟子，糖罐，奶盅，茶匙（茶匙正確的擺法是與杯子成四十五度角），七英寸個人點心盤，茶刀（塗奶油及果醬用），吃蛋糕的叉子，放茶渣的碗，餐巾，一瓶鮮花，茶壺保溫罩，切檸檬器，木頭托盤（端茶品用）。另外，蕾絲手工刺繡桌巾或托盤墊是維多利亞下午茶很重要的配備，因為其象徵著維多利亞時代貴族生活的重要家飾物。其他的就看情況而定，比如我還見過麻布印花的茶壺墊，內層裡面有乾燥花和茶葉，靠著茶壺散發的溫度會揮發出淡淡的清香。

不過，我覺得喝下午茶，最重要的還是喝茶人的心境。沒有悠閒散漫的情緒，再好的下午茶也會索然無味。還是先準備一縷品茶的心緒吧。

野生紅茶

合心合意的好運氣

能碰到一款合心意的茶是運氣，而碰到合心意的紅茶尤其是野生紅茶更是難上加難。野茶茶樹生長在原始的草叢植被當中，無人管理，當然也不會使用農藥、化肥，味道非常乾淨，充滿山野氣息。

在馬連道逛茶城，開茶室的小楊帶我去了一家店。店主是個能說會道的小姑娘，喝喝茶，聊聊她做茶殺青的一些經歷，是個懂茶的人呢。我就多坐了一會兒。喝完福鼎白茶，她拿出二〇一三年做的一款紅茶。

瀹泡出來，喝了一口，便一下子抓住了我。紅茶我喝過不少，最喜歡的是煙正山小種，不是其他的紅茶不好，而是「適口者珍」，煙正山小種的煙火氣糅合了紅茶的果蜜花香，變得不那麼膩人，喝起來爽利多了。後來也找過很多種雲南野生紅茶，一般都是用大葉種茶樹製成，我卻沒找到合心意的。要說滇紅，還是鳳慶傳統的製法要好很多。

那次喝到的野生紅茶，條索倒不肥大，而且也不是當年的茶，可是喝起來，回味悠長，湯感直接而清晰，非常有張力。喝了一會，兩頰微微發熱，後背也微微出汗，感覺很舒暢。問店主這款茶的名字，她卻沒說。問了問店主的家鄉，原來是寧德，是大白毫、白琳工夫和坦洋工夫的產地呢。

我買了一些拿回辦公室，不久後一位同事來我辦公室談工作，我就泡了這款野生紅茶。他是個平常不怎麼喝茶的人，那天很突然地說，這茶不錯，有很悠遠遼闊的感覺。你看，一款好茶實際上不需要你有多麼深的品茶技巧，只要靜心品味，就能有所感受。

這種感受，其實更多的是一種「舒服」——這是一種心靈的自由，在喝茶的那片時片刻，覺得放下了其他的一切，就是在品飲這一杯茶。而這款野生紅茶，它把「野」字表現得很好，不是粗野，而是不受束縛。

泡茶也好，製茶也好，首先應該向先賢學習，雖然我們無法看到當時的場景，然而，茶湯流過，沒有留下藝術，留下的卻是精神。現在很多人過分在乎泡茶的流程、動作，過分追求某種茶器，過分追求某個山頭的茶葉，追求得越多，分散的精力就越多，得到的就不那麼單純，也不那麼有力量。這款野生紅茶，在它生長的時候沒有受到那麼多的追求和期望，因而得到了一種單純的味道，我在喝茶的時候也似乎可以感受到它在山間生長那種無拘無束的快樂。

這款茶產量不多，得到實在是碰運氣。如此，更讓我想念它昔日的樣貌，想了想，我在宣紙上寫了兩個字：昔顏——這是我送給它的名字。

〖福建野生紅茶〗

湧溪火青

堅守二十個小時的雅債

湧溪，是安徽涇縣城東七十公里處的湧溪山；火青，是炒、是焙，即老火炒的珠茶。湧溪火青，說是珠茶，正規的叫法是「腰圓」，不是純正的圓形，是長圓，中間微凹，像個腰子。

喝茶相比抽菸，總被認為是一個更受歡迎的愛好。其中有一個重要的原因就是，抽菸似乎是一個很燒錢的事情，還影響身體健康，更可惡的是，吸二手菸受到的傷害更大。我理解後者，但對「吸菸太燒錢了」則報以苦笑——茶事尚儉，可是喝茶只會比抽菸更燒錢！

這個燒錢分成兩大類：一類是你對器物的要求帶來的。大部分茶人如我，不太會發現茶器的替代品，也不能憑藉自己的影響力與執著，把一件普通的茶器變成傳世經典。所以，會經常看到愛不釋手的器物——就拿勻杯來說，先是玻璃的，有圓有方、有大有小；忽而又看見了瓷的，有青有白；再而又流行了陶的，有把無把，尖口片口；後來又看見了日本玻璃的，有光滑的，還有錘紋的……這可怎一個折騰了得？一個漂亮的勻杯，怎麼也要兩百塊人民幣左右，更遑論其他小件，君不見，一個杯托都要上千了……還有一類，是對茶葉光怪陸離的喜好帶來的。貪念者如我，喝過三百多種茶了，看見沒喝過的，還是垂涎。你要找小眾的茶、老的茶，並不完全是緣分，那是很「燒錢」的。我喝過陳放九十年的普洱、陳放四十年的老綠茶、陳放三十年的老烏龍、陳放二十年的老壽眉、陳放十年的老紅茶，還喝過好幾千一泡的「八八青」……然而至今也沒有「成仙」，覺得很是對不起它們。

一旦對生活有所求時，往往就不能靜心。我在機場喜歡買書，因為飛機上只能看書。然而在書架前會很迷茫——機場書店的書是旗幟鮮明的兩派：一派讓你拼命去搶、去爭、去戰鬥，一派讓你平和、放下、受苦。在這矛盾的漩渦中，你靜不下來。喝茶是途徑，讓你神思超然，超然了就放下了，然而你還沒放下，發現錢不夠，於是心又不靜。

心不靜，很多茶，尤其是綠茶就喝不了。二〇一五年春，很多人湧向茶山，我倒覺得，不是茶商，你去湊這個熱鬧幹什麼？茶山上亂哄哄的，茶都不好了。然後就收到了一些茶友送的「爭光」龍井，希望給自己臉上爭光嘛。很不厚道的是，我還要編排人家：「龍井茶喝的是深沉的清和，你比我心還亂，喝不出來，所以，不是你糟蹋茶，就是茶糟蹋你。」

我不想糟蹋龍井，索性喝口湧溪火青。好的湧溪火青，茶園都在「坑」裡。安徽人把兩山夾澗或者兩山之間狹長地帶叫作「坑」，湧溪火青最好的茶園在盤坑的「雲霧爪」和石井坑的鷹窩岩。「鷹窩岩」好理解，老鷹做窩的岩巔，海拔既高，風清且明，當是出產好茶的要件之一。

「雲霧爪」就比較詭異了，難道此地能修煉到把雲霧凝成爪子，準備採茶？後來請教了一些當地茶農，茶農笑了：「哪有什麼爪子？那個地方叫作『雲霧罩』。」——明白了，雲霧籠罩的地方，好茶生長的另一個要件。

湧溪火青用的是當地的大柳葉茶種，好的成品茶，色澤烏潤油綠，沖泡後緩慢舒展，香氣高濃，水仙、蘭花等花香交織起伏；茶湯甘甜醇厚，韻味宜人，一般泡個五、六遍不失本真。這哪像綠茶？倒有點像烏龍茶了。

這麼深厚的功力，來源於苦功。湧溪火青關鍵工序之一的「掰老鍋」，需要不眠不休連續炒茶（當地叫作「焓乾」）十八個小時，加上前面的殺青、揉撚等工序，製作合格的傳統湧溪火青需要二十個小時。鐵打的人也受不了啊，以前是兩班倒，後來有了炒球型茶機，可以用機器了，掰老鍋時間也可以減少到十到十二小時，然而機器只會按照既定的程式去做，還是要有人晚上起來四、五次，調整茶葉整體形狀，以防炒偏。

要想喝湧溪火青，不只是喝茶人難以找到合心意的，就是製茶人，也是一身難以承受的「雅債」啊。這種堅守，還能持續多久？還會有年輕茶農願意陪著茶一起經歷難以言喻的苦楚，而等待、期望產生同樣不可言喻的茶香嗎？

〖湧溪火青〗

星野玉露

異國播散的茶香

日本福岡以茶葉著稱，而最為高級的茶葉都產自星野村。星野村在日本被稱為「最美麗的村落」，得名於旁邊的星野川。當地人對清新的空氣和清澈的水源十分自豪，在如此乾淨唯美的地方，出產的茶葉是全日本最為高級的蒸青——星野玉露。

明朝永樂四年（一四〇六年）的一天，在蘇州遊學的日本高僧榮林周瑞與寺僧們依依惜別，準備返回故里。幾個月前，他從印度朝拜佛祖勝跡後，又不遠千里來到蘇州靈岩山寺，只為拜會曾應詔參加編纂《永樂大典》的靈岩山寺住持南石禪師，希望精進佛法。南石禪師叮囑他禪在生活之中，修行不離農桑。於是生性嚮往自然的榮林周瑞在靈岩山寺住了下來，一面參禪，一面務農。寺裡有不少茶樹，種茶採茶成了榮林周瑞最喜歡的勞作。在他即將返國之際，南石禪師特意以靈岩山寺的茶籽和佛像經書相贈，願佛法廣為流傳。

榮林周瑞禪師回到日本，來到九州的黑木町大瑞山，這裡松木蒼鬱，岩石重疊，土地肥沃，他便將茶籽就地種下。六百多年後的某一天，這靈岩山寺茶樹的後裔——一罐八女星野玉露靜靜地出現在我的面前。

傳統的日本玉露必須選用不經修剪、自然生長十年以上的茶樹，而星野玉露每年立春後第八十八天開始採摘。在採摘前大約二十天，新芽剛剛開始形成，茶樹就必須保持九十％的遮陰面積，茶園被竹席、蘆葦席或黑網布遮蓋起來。光線減少可以使小葉片具有更高的葉綠素含量和較低的茶多酚含量，茶多酚降低了，茶葉的苦澀口感也降低了，同時有利於氨基酸的形成，而氨基酸是重要的呈鮮物質。由於遮陰會消耗茶樹的能量，逐漸恢復則需要一段時間，所以玉露茶一年只採收一次。

在廣泛使用機械採收茶葉的今天，傳統的玉露仍然堅持手工採摘。採摘的新鮮柔軟的葉子迅速被運去工廠，使用蒸汽殺青，蒸約三十秒以保持風味和阻止發酵。接著，用熱空氣使茶葉變軟，然後擠壓，乾燥，直至其水分降到原有含水量的三十％左右。然後繼續揉撚，雙手按壓茶葉成團再推散，重複多次，使茶葉變成纖細暗綠色的針狀，然後挑出茶葉柄和老葉，再乾燥。

星野玉露的沖泡比較特殊，但總之都傾向於低溫。打開封袋，濃郁的蒸青清氣撲面而來。使用開水燙個大茶碗，放入一茶勺茶葉，杯子的熱力發散了茶香，是一股濃郁的海苔和粽葉清香。當水溫降到四十到四十五度，緩慢注入茶碗中，浸泡大約兩分鐘，就可以飲用了。有少許的苦味和澀味，包容在濃郁的甜味中，依然是海風吹來海藻般的氣息，又有隱隱的茶香。休息了一會，重新燒水，放涼至六十到六十五度，再次沖泡，大約兩分鐘，這次的感受是海苔味弱了不少，然而茶氣有所上升，也出現了綠茶應有的苦感。繼續燒水，水溫在九十度左右，進行第三次沖泡，浸泡三分鐘左右，茶湯中出現了澀味，茶葉的精華已經全部浸出了。

玉露的精華在第一、第二泡，我也曾經見過第一泡先用帶有冰塊的冰水浸泡十分鐘出湯，再使用熱水沖泡兩遍的，都是源於對好茶的愛惜。

茶果

配茶正討喜

喝茶最適宜的茶點也許就是乾果了——不占肚子，又能消磨時光，還有獨特的香氣。鹹味的乾果對茶的影響不是很大，而甜味的乾果對茶的影響就比較明顯，尤其是顯得茶湯會比較苦澀。但也不是不能用，降低糖度即可。

我把喝茶分成三類：看茶、品茶、喝茶。看茶彷彿時下比較流行，茶是用來看的，重點不在喝。而且似乎有些茶會偏向陰暗的調子，其實可以作為茶表演的一種，沒有對錯。然而，這樣的茶會往往泡出來的茶令人啼笑皆非——經過美輪美奐的花式表演，拿到了一杯溫涼的茶湯，實在是糟蹋啊。所以此類，茶不過是個道具而已。品茶就是三五茶友清飲，彼此有不同的飲茶經驗，也會交流一番喝的茶的狀況，重點是茶了。喝茶，就是老老實實喝，作為生活的一個點滴，沒有比較，沒有目的，沒有得失，就是喝而已。

喝得多了，覺得需要轉換味覺，腸胃也有寡淡之感，想吃點東西。上個包子，那是晚飯，和茶不配；如同英國下午茶上些點心，那彷彿主角變成了點心。喝茶最適宜的茶點也許就是乾果了——不占肚子，又能消磨時光，還有獨特的香氣。可是也不能直接上沒有加工過的乾果，好像又變成了串門兒別人給你抓把花生的民俗感，把乾果加工一下，不僅有小小的儀式感，還體現你滿滿的喝茶心意。

我自己比較喜歡的配茶乾果有鹽烤銀杏、海鹽花生和琥珀桃仁。銀杏也叫白果，是銀杏樹的種子，有小毒，所以不宜多吃，成人每天食用一般不宜超七顆。而銀杏入肺、腎經，斂肺氣，定喘嗽，止帶濁，治哮喘，如果能以鹽為引，效果更好。在銀杏果殼上開個口子，用粗鹽撒上厚厚一層，作為導熱媒介，順便還能有些鹹味，一起放入已預熱的烤箱，用一七〇度烤十五到二十分鐘，烤至爆裂即可。

花生雖然是常見的乾果，可是它的香味卻是很難被超越的。把生花生米淘洗乾淨，和鹽一起放入碗裡，倒入開水，浸泡一到兩個小時入底味。再把泡好的花生米瀝乾水分，平鋪在烤盤上，放入預熱好兩百度的烤箱，烤八分鐘左右，直到有部分花生米的紅衣開始微微裂開。取出烤盤輕輕晃動，使烤盤裡的花生米翻面，將烤箱溫度降低到一二〇度，再烤五到八分鐘，就可以了。在乾燥的環境中將烤好的花生米晾涼，搓去紅色內皮，撒一點點海鹽拌勻就可以食用了。畢竟，喝茶時如果有花生的紅色內皮飛來飛去，那可能有點煞風景。

琥珀桃仁是常見的核桃加工方法，可是要做好並不容易。我曾經在超市買了一大包琥珀桃仁，結果打開一看，那不是琥珀，那就是糖霜——不是所有裹一層糖都可以叫「琥珀」的。琥珀是透明的糖液，乾燥後透明如琥珀，其他的那是裹糖衣，如果糖衣呈現白色，則稱之為「掛霜」。要想達到琥珀的效果，糖液要加熱到焦糖化，呈現特殊的蜜糖香氣，桃仁也必須事先炸過，趁熱入焦糖內翻炒裹勻即可出鍋晾涼，沒有完全冷卻時撒上炒過的白芝麻，色澤更為豐富，味道也更香。

一壺清茶，三五好友，幾碟茶點小乾果，不論太陽明媚還是細雨霏霏，都是人生好時節。

後記

人除非自己醒來，否則無人可憑靠。

人們總是問我：你為什麼吃素？我覺得，也許這個問題是所有素食者被問得最多的一個問題。

我想給自己找一個堂皇的理由，這些理由比比皆是——環保、慈悲、信仰……然而，就像素食一樣，我覺得乾乾淨淨地回答最好：我覺得我可以吃素了。

「我可以吃素了」和「我覺得應該吃素」還是有很大差別的。大約在二〇〇四年我覺得自己應該開始吃素了，也便斷斷續續地吃素，比如初一和十五。然而，不好堅持，我對肉食還有渴望，我對吃葷的念頭還需要壓制。我不想給自己找藉口，而又覺得自己這樣太辛苦，便一直沒有食素。

這期間最糾結的不是信仰問題，而是人的「福德」。由於工作和愛好的原因，我能接觸全世界各種各樣的美食——布列塔尼的藍色龍蝦、關東關西的海參、四隻就可以一斤的南非鮑、阿拉斯加的帝王蟹、俄羅斯的鱘魚子、中國的野生大黃魚、鴕鳥肉和牛肉、鵝肝醬……我一路吃下來，以為那就是美食家的榮耀之路。直到有一次，我被邀請看一場大型的藍鰭鮪魚解體秀，雖然它已經死去，望著我面前餐盤中很值錢的一大坨生魚肉，我突然冷汗如雨下。我仿若在暗黑的禁閉室內問了自己一個問題：你何德何能，享受這麼多不尋常的美食？

我覺得我吃素的機緣來了，我可以吃素了。從真正吃素（我是不吃一切肉，和佛教的淨素不同）的那一天起，我沒有懷念過肉，我可以慢慢發現蔬食的美好。

食素一年多，從業的餐飲集團有了「棣Dee蔬食．茶空間」這個平臺。棣空間的蔬食風格也和一般素食館不同，我們的素菜是比較絢爛的。並不是說枯寂不好，某種意義上說，禪的外相就是枯寂。然而，四十歲的我還不是枯寂的時候，那麼，便絢爛吧。真正的枯寂是絢爛至極乃平淡，如果還未經歷絢爛便尋求枯寂，可能也不長久。

一個成人，除了自己想明白，否則沒有什麼可以強加給你，學習是如此，愛好是如此，吃不吃素也如此。拋開我的信仰，我沒有覺得吃素一定比吃葷高貴，吃素一定比吃葷有品位，這是不能比較的事情。

然而，於我自己，一輩子能有一件事可以醒一次，挺好。

感謝師長們、朋友們對我的指點和鼓勵，這本書能夠出版，你們功不可沒，我沒什麼可回報的，但我將記在心裡，在此一併謝過。

這本書來源清淨，我希望來之於素，行之於善。我將捐出這本書的全部稿酬，願能增進世間的美好。

李韜

二〇一六年十月九日

蔬食真味

作　者—李韜
主　編—林憶純
責任編輯—林謹瓊
內頁設計—李宜芝
封面設計—李佳隆
行銷企劃—許文薰

第五編輯部總監—梁芳春
發 行 人—趙政岷
出 版 者—時報文化出版企業股份有限公司
一〇八〇三台北市和平西路三段二四〇號七樓
發行專線—（〇二）二三〇六—六八四二
讀者服務專線—〇八〇〇—二三一—七〇五
（〇二）二三〇四—七一〇三
讀者服務傳真—（〇二）二三〇四—六八五八
郵撥—一九三四四七二四時報文化出版公司
信箱—台北郵政七九～九九信箱

時報悅讀網—www.readingtimes.com.tw
電子郵箱—history@readingtimes.com.tw
法律顧問—理律法律事務所 陳長文律師、李念祖律師
印　刷—和楹印刷股份有限公司
初版一刷—二〇一七年十二月
定　價—新台幣三六〇元
（缺頁或破損的書，請寄回更換）

時報文化出版公司成立於一九七五年，
一九九九年股票上櫃公開發行，二〇〇八年脫離中時集團非屬旺中，
以「尊重智慧與創意的文化事業」為信念。

蔬食真味 / 李韜著. -- 初版. -- 臺北市 : 時報文化, 2017.12
面； 公分

ISBN 978-957-13-7211-2(平裝)

1. 素食食譜

427.31　　　106020367

ISBN 978-957-13-7211-2
Printed in Taiwan